Building Information Model

BIM 건축혁명

야마나시 토모히코 저 김 명 근 역

기 문 당

프롤로그

BIM쇼크

지금 건설업계가 안고 있는 문제를 푸는 열쇠가 '왜 BIM(Building Information Model)인가'. 본 서는 필자가 3차원 설계에 참여했던 경험을 기초로 BIM이 그릴 건축 비즈니스계의 시나리오를 건축 비즈니스 종사자들을 위해 폭넓게 정리한 입문서이다.

BIM이란 무엇인가는 본문에서 자세하게 기술했지만, 우선 '마감과 가격 등 건축의 여러 정보를 디지털화해서 3차원 형태의 정보와 함께 모은『3차원 건축정보 데이터베이스』'라고 생각하기 바란다. 설계부터 건설, 그리고 관리 프로세스까지의 효율화와 합리화를 위한 획기적인 구조이다.

일본에서 3차원 CAD의 움직임

필자는 BIM에 그다지 큰 기대를 가지고 있지 않았다. 최근 10년간 건축설계의 실무자 입장에서 3차원 CAD(3D CAD)의 가능성을 찾던 경험으로부터 건축 비즈니스에서 컴퓨터나 IT의 역할, 그리고 그것들의 실무적인 한계도 어느 정도 이해하고 있다고 생각했다.

건축의 3차원 CAD[1]는 1990년대 초에 시행하여 1996년에는 실

1) ◎CAD

Computer Aided Design 혹은 Drawing의 약어로,「CAD」라고 읽는다. 컴퓨터를 사용한 제도 혹은 제도용의 시스템. 자세한 내용은 21페이지 참조.

제로 사용하기 시작하였다. 이러한 움직임은 당시 일본의 건축설계에 있어 동시 다발적으로 일어나고 있었고, 3차원 CAD는 순식간에 붐이 일어났다.

당시에 3차원 CAD를 사용하면서 2차원에서의 작업에 비해 설계상의 정합성을 취하기 쉬워진다는 것을 알 수 있었다. 더욱이 설계와 동시에 아이디어를 시각화(비주얼화)하는 것이 가능하기 때문에 구조와 설비엔지니어, 그리고 클라이언트와도 이미지를 쉽게 공유할 수 있는 메리트가 있음을 실감했다.

한편, 3차원화에 의해 설계단계에서의 작업량은 확실히 증가했고, 또 3차원 설계에 대응하는 고성능 컴퓨터와 소프트웨어 도입이 필수이고 새로운 설비 기자재 등의 부담량도 발생한다. 당초 3차원 CAD의 이용은 설계단계에서만의 발상에 머물러 있었기 때문에 늘어나는 작업량을 보완할 수 있는 효과를 찾을 수 없었고, 부담증가를 보충할 수익구조도 구축할 수 없었다. 그래서 3차원 CAD는 건축비즈니스계에서 정착되지 못한 일시적인 붐에 그치고 말았다. 그로부터 10년이 지난 후 일본의 경제상황은 회복기조를 보이기 시작했고, 건축 분야에서는 3차원 설계를 위한 컴퓨터와 전용 소프트웨어가 현격한 진보를 보이면서 가격적인 면에서도 안정되고 있었다.

한편 일본 건축 비즈니스계는 최근 10년 간 구조적 저수익체제라고도 할 수 있는 상황에 빠져 있었고, 3차원 CAD에 눈을 돌릴 여유조차 없는 상황이었다. 설계와 시공의 프로세스를 방치한 채, 성력화와 경비절감만을 되풀이하는 상황으로 전락하고 있었다.

이러한 상황에서 '미국과 유럽에서 BIM이라는 3차원 CAD와 IT기술을 기반으로 한 혁신적인 설계툴이 개발된 것 같다' 라는 말이 유포되기 시작했다. 구조적 저수익체제에 관심이 많았던 필자는 'BIM 같은 것은 건축의 실무를 모르는 컴퓨터 매니아의 망상에 지나지 않는다' 고 생각하고 있었다.

BIM과의 충격적인 만남

BIM에 대한 인식이 대폭 바뀐 계기는 2008년 5월, 보스턴에서 'Change The World' 라고 명명된 AIA(미국건축가협회) 총회의 사전회의에 참가했을 때이다.

BIM에 의해 미국 건축 비즈니스계의 구도 자체가 크게 변하려는 사실이 충격적이었던 것이다.

'Change The World' 의 메인 테마는 환경을 배려한 지속가능(sustainable)[2]한 건물을 디자인하기 위해 BIM을 통한 설계자와 시공자의 통합에 초점을 맞춘 것이었다. 모든 발표가 실천적이고, 미국 BIM의 구체적인 상황과 BIM의 장점 및 단점에 관한 보고들이 많이 있었다.

BIM에 의한 건축설계도
구조체와 설비기기가 현실적인 3차원 형상으로 그려져 있다.

2) ◎sustainable

「지속가능」이라는 의미의 말로, 건축 비즈니스에서 사용될 때에는 환경을 배려한 장수명 건물을 만드는 것으로, 건축행위에 관계된 환경의 영향을 파악하고, 다음세대에 건전한 상태의 지구를 이어받아 가는 것을 의미하는 경우에 사용된다. 원래는 1987년 국제연합 「환경과 개발에 관한 세계위원회」에 제출된 「지속가능한 개발」이라는 개념이 시작되는 것이다.

또 설계사무소만이 아니라 **서브콘**[3]과 **CM사무소**[4] 등 각각의 입장에서 BIM에 관한 여러 가지 시도를 하고 있었다는 것이 BIM에 대한 건축업계 전체의 강한 기대감을 생생하게 전해 왔다.

동시에 환경문제와 비즈니스의 수익성 개선, 그리고 서브프라임 문제에서 발단한 건축 비즈니스계의 급속한 하향추세 등 여러 문제를 해결하기 위한 툴로서도 효과적인 것으로 파악하고 있다는 점도 흥미로웠다.

AIA 2008년 총회(보스턴)의 컨벤션 접수 풍경.
미국 전역에서 2만 명이 모인 열기 넘치는 대이벤트였다.

---

3) ◎서브콘
서브콘이란, 제네콘부터 특정분야의 공사를 하청하는 Sub contractor의 약어이다. 자세한 내용은 23페이지 참조.

4) ◎CM사무소
CM은 「Construction Management」의 약어로, CM사무소란 건설프로젝트에 임해서 건축주 대신 건설에 관계되는 사항, 발주, 예산과 스케줄 관리 등을 맡아 관리하는 사무소이다. 112페이지 참조

변모하는 미국의 건축 비즈니스

일본에서 조금씩 실험적으로 계속해온 3차원 설계도 사실은 BIM의 일부로 자리매김한다고 인식함으로써 BIM에 대한 우려는 사라지고 있었다. 건축 비즈니스를 설계라는 프로세스 단독으로 파악하는 것이 아니라 시공과 시설관리라는 건물의 라이프사이클 전체로 생각한다면 건축정보를 BIM화해서 취급하는 것이 효과적임을 알 수 있었다.

처음에는 사회상황에 대응한 미국 건축 비즈니스계의 변화가 BIM의 도입을 지지했지만, 언제부터인지 BIM이 오히려 설계자, 엔지니어, 시공자, 그리고 클라이언트의 역할에 큰 변화를 재촉하고 있는 상황을 만듦으로써 미국 건축 비즈니스계의 구도를 크게 변화시키려는 것이다.

BIM관련 강연모습. 다수의 출석자가 열심히 귀기울이고 있다.

BIM을 끌어들임으로써 건축 비즈니스계에서 우위를 차지하는 입장이 가능하다. BIM의 도입에 의한 효과를 누가 선도해서, 누가 누리고, 그 결과, 누가 건축 비즈니스계의 우위를 잡게 되는 걸까? 지금 미국 건축 비즈니스계는 이러한 상황으로 구도가 바뀌고 있다.

즉 BIM이 계기가 되어 건축 비즈니스계의 우위를 바꾸기 시작하는 것이다.

일본 건축 비즈니스를 어떻게 살릴까

일본에서는 2005년 **아네하 사건**[5]에서 비롯된 건축에 관계된 설계자, 엔지니어, 시공자, 그리고 클라이언트의 불상사가 잇달아 드러나면서 건축 비즈니스계의 신뢰는 실추됐다. 그 대응으로서 일련의 건축기준법 개정과 운용이 강화되었다.

특히 엄격한 심사에 의한 인 · 허가신청기간의 장기화는 2007년 이후, 주택관련 프로젝트에 큰 영향을 끼치고 있어서 착공건수가 대폭 감소하고, 그 영향은 일본 경제 전반에 미치고 있다.

설계자뿐만 아니라 시공자나 클라이언트에게도 프로젝트 착공 이전에 계획건축물을 세부적으로 체크하여 하자와 하자보수 없는 시공과 프로젝트를 추진하는 것이 가장 중요한 과제가 되었지만 구체적인 대책을 찾지는 못했다. 그리고 2007년 여름, 미국의 서브프라임 문제를 발단으로 부동산 불황이 겹쳤고, 클라이언트는 하자보수가 필요 없는 치밀한 설계와 시공을 하면서도 금리와의 싸움과 프로젝트 전체에 걸친 공기단축까지 도모하지 않을 수 없는 상황이 되었다.

---

5) ◎아네하 사건 (역자 주)
2005년에 일본 치바현에 있는 아네하 건축사사무소가 내진강도를 위조했던 사건으로 내진위장문제라고도 불린다.

이러한 현실에서 미국과 일본 건축 비즈니스의 현황을 비교해 보면 누구라도 BIM이 상황 해결의 유력한 실마리라는 것을 알 수 있을 것이다.

건축 비즈니스는 BIM을 통해 현 시대에 맞는 새로운 흐름으로 그려질 필요가 있지만, 안이하게 미국의 BIM을 수입하여 일본형 BIM으로 보이려고 하는 자세는 바로 한계를 드러낼 것이다. 글로벌한 시점과 일본의 독자적인 상황을 파악하고 BIM의 본질을 직시한 도입의 추진이 중요하다. 적절한 BIM의 도입은 위축된 비즈니스의 영역 전체를 개혁해서 일본의 건축 비즈니스를 국제적 경쟁력을 가진 무대로 끌어올릴 수 있는 가능성을 주고 있다.

본 서가 일본의 건축 비즈니스 상황을 보다 강력한 것으로 개혁하는 데 일조한다면 필자는 기쁠 것이다.

야마나시 토모히코

역자 머리말

건축 디자인의 발전과 규모의 증가, 환경과 에너지의 중요성 등으로 복잡화되고 있는 현대건축은 하나의 프로젝트를 설계, 시공, 유지관리 단계까지 고려한 사업발주의 근간이 되는 설계정보를 요구하고 있고 지금까지 해오던 2차원 설계기법으로 이러한 요구를 충족시키기에는 많은 한계점을 가지고 있다.

BIM(Building Information Modeling)은 단순한 3차원 모델링이 아닌 객체에 정보를 담아 설계하는 건축설계기법으로 기존의 설계기법이 가진 여러 가지 문제를 해결함은 물론이고 건축물의 라이프사이클까지 전체를 고려하여 사용할 수 있는 획기적인 건축도구이다.

본서를 번역하게 된 계기는 실무와 대학 강의 중 설계자, 시공자, 클라이언트, 그리고 건축을 전공하는 학생 등에게 BIM의 효과와 목적을 명확히 이해시킬 수 있는 이론과 경험을 바탕으로 기술된 입문서가 필요하다고 생각했기 때문이다. 읽는 내내 경험에서 우러난 저자의 넓은 지식에 감탄했고 BIM을 바라보는 시각에 동감하여 책을 읽기 전 BIM에 대해 가지고 있던 내 생각을 검증하는 기회가 되기도 했다.

저자 야마나시 토모히코는 일본 최대의 설계사무소인 닛켄설계의 설계부문 부대표로 근무하고 있으며 자신도 처음에는 BIM에 큰 관심이 없었지만, 미국 AIA총회의 사전회의 참석 등 다양한 활동을 계기로 현재는 실천 가능한 부분부터 실무에 적용해 나가며 BIM을 활용한 기술의 영역을 하나씩 넓혀 가고 있는 BIM의 실력자이다.

본서는 저자가 지금까지 BIM을 활용해 프로젝트를 이끌어간 경험과 BIM에 관해 활동한 다양한 지식을 바탕으로 BIM의 기본부터 개혁 비전까지 그려 봄으로써 향후 건축계가 나아갈 수 있는 다양한 가능성을 제시한 이론서이자 입문서이다. 본서의 내용을 간단히 소개하면, 도입에서 현재 일본 건축 비즈니스계가 가진 여러 가지 문제의 아우트라인을 살펴보고, 1장에서 3차원화의 기원과 필요성에 관해 기술하였으며, 2장과 3장에서 BIM의 배경 및 도입 효과를 타 산업과 비교하여 짚어보고 BIM의 정의 및 활용방법에 관해 설명하였다. 4장과 5장에서는 세계 각국의 건축 비즈니스 및 BIM 실천 상황과 필자가 참여했던 BIM을 활용한 각 프로젝트별 작업과정에 관해 소개하였다. 6장과 맺음말에서는 BIM을 통한 건축 비즈니스계의 변화 가능성, 새롭게 등장할 수 있는 직능들, 그리고 일본 기업의 BIM을 향한 움직임이 서술되어 있으며 BIM이 추구하는 다음세대의 건축 비즈니스 구도에 관한 필자의 견해로 마무리되어 있다.

저자의 모국이 일본이기에 사용된 전문용어, 업계의 분위기 등 국내 실정과 다른 부분이 있어 다소 생소할 수 있지만, 독자 대다수가 건축 전공자임을 감안한다면, 충분히 이해할 수 있다 생각하여 가급적 원문에 충실하려고 노력하였다.

BIM은 많은 가능성을 가지고 있는 건축계의 혁명이다. 하지만 아직 초기 단계로 어떻게 이끌어 갈지에 대한 프로세스조차 확실히 정리되지 않은 상태이기 때문에 쉽게 접근하지 못하는 실무자와 학생들이 많이 있다. 그러나 본서를 계기로 가능한 부분부터 하나씩 해 나간다면 많은 독자들이 BIM에 친숙해지고 BIM이 가진 다양한 가능성을 각자의 위치에서 열어 가는데 큰 도움이 될 것이라 믿는다.

끝으로 여러 가지 어려운 여건에서도 출간에 흔쾌히 동의해주신 기문당 강해작 사장님과 응원해 주신 경민대학의 여러 교수님들, EREZ 건축사사무소의 동역자들, 사랑하는 가족, 그리고 시종을 함께 해주신 하나님께 감사드린다.

2011년 2월 EREZ 건축사사무소에서
김 명 근

목 차

Building Information Model

Building Information Model

Building Information Model

제 4 장 왜 세계의 건축 비즈니스계가 BIM을 필요로 하고 있는가? 107

제 5 장 BIM이 선도하는 세계의 상황 139

도 입

일본 건축 비즈니스계의 문제점

일본의 건축 비즈니스계가 안고 있는 문제점

◎ 내진강도 위장 문제에서 발단된 업계 전체로의 불신감

◎ 설계와 시공의 부정합과 오차

◎ 프로젝트의 장기화

◎ 원가와 가격의 이중화에 의한 불투명성

◎ 구조적 저수익성

건축 비즈니스란 어려움이 많은 업계이다.

이 업계는 항상 어려움을 안고 있다. 버블기 때 조차 그랬다. 세계가 전반적으로 호경기 중에도 업계 내부는 심각한 일손 부족에 허덕이고 있었다. 유일하게 버블경제에 의지하던 고수익만이 업계의 불만을 진정시키는 진정제가 되고 있었지만 지금은 그 진정제조차 완전히 사라지고 말았다.

일찍이 고도성장기에는 건설업계의 활력이 그대로 일본의 힘으로 이어지고 있었다. 1973년에 건설투자액은 GDP의 25%를 차지하여 건설산업은 일본의 기간산업이 되었지만 일본이 버블붕괴가 되는 과정에서 건설산업도 그로 인한 영향을 직접 받는 형태로 침하되어 어려움이 많은 업계로 급변하였다.

현재의 일본 건축 비즈니스계가 안은 문제점을 탐색하고 거기에 유효한 해결책을 찾는 것이 급선무이다.

내진강도 위장문제와 설계 · 심사 · 시공의 오차[6)7)]

2005년 11월, 돌연 업계에 들끓고 있던 내진강도 위장문제, 이른바 '아네하 문제'로 일본 건축 비즈니스계가 안은 문제가 표면으로 분출되었다.

내진강도 위장문제 자체는 개인의 고의적인 범죄이다. 그러나 이를 계기로 행정측의 체크와 설계사무소와 제네콘에 의한 자가체

6) ◎건설투자의 동향

건설투자의 피크는 버블 붕괴 후의 1992년이고, 총액은 84조 엔이었지만, 2006년에는 52조 3000억 엔으로 6할 정도가 축소되고 있다. (수치는 국토교통성 자료에 의함)

7) ◎건설투자에 있어서 건축공사의 비율

2006년의 52조 3000억 엔의 건설투자를 공사별로 보면, 건축공사가 59%, 토목이 41%의 비율을 이루고 있다. 건축 비즈니스는 30.86조 엔. GDP 대 비율 6%의 규모다. (수치는 국토교통성 자료에 의함)

크가 강화된 결과 '과실'에 의한 설계와 시공 상의 오차[8]가 잇달아 발견되어 신문과 전문지를 떠들썩하게 하는 결과를 낳았다.

오차의 원인에는 설계시점에서 '설계도면 상호 모순'과 설계도면은 맞지만 설계도대로 시공되어 있지 않은 '설계도서와 시공의 모순'이 있다.

본래, 설계도서에 모순이 있어서는 안 된다. 의식 있는 설계자는 모순을 없애기 위해 막대한 에너지를 투입하고 있지만, 근절하기는 상당히 어렵다. 통상적으로 설계의 프로세스는 건물의 디자인, 구조, 설비 등의 기본적인 방침을 결정하는 '기본설계'와 그것을 기초로 클라이언트가 제네콘과 공사도급계약을 체결하기 위해 작성하는 '실시설계'로 나뉜다.

기본설계가 이른바 디자인을 움직이는 창조적인 일이라고 한다면, 실시설계는 그것을 구체화하는 중요한 작업이지만, 현재 그 실시설계 작업이 많은 인력을 필요로 하고 있다.

구체적으로 현재의 2차원 설계도를 기반으로 한 설계 작업에서는 실시설계 단계가 되면 많은 양의 일손을 필요로 하게 된다. 오피스 빌딩과 초고층 공동주택과 같은 대형 건축물의 경우, 관련 설계자와 CAD운용자의 수는 수십 명으로 늘어난다. 그리고 그려지는 도면의 수는 수백 매부터 수천 매까지 부풀어 오른다. 이러한 많은 인력으로 방대한 도면을 작성하는 것만 생각해도 오차 근절의 어려움은 상상하기 쉬울 것이다.[9][10]

---

8) ◎시공 상의 오차
2007년에는 대규모 제네콘에 의한 시공오차가 시공 중에 발견되어, 시공자의 자기신고 형태로 공표됨으로써 신문지상을 떠들썩하게 했다. 2008년에는 고급 유료 노인 홈에서 구조부재의 배근이 800개소 이상이나 다르게 되어 있었다는 사태가 발표되었다.

9) ◎일반적인 설계 프로세스
기획 · 기본계획 → 기본설계 → 실시설계 → 현장감리

10) ◎기본설계와 실시설계 작업의 비율
일반적으로는 설계 작업 전체에 필요로 하는 인력의 범위내, 약 1/3이 기본설계에, 남은 2/3가 실시설계에 배분되고 있다.

이러한 도면은 현재 거의 100% CAD로 그려지고 있다. CAD[11] 라고 한다면 그야말로 IT화시대의 매우 스마트한 설계기법이라고 할 수 있다.

그러나 실제로는 종래 수작업의 기법을 컴퓨터의 힘을 빌려 성력화해 마무리하고 있는 것에 지나지 않는다. 예를 들어 '과실을 자동적으로 발견한다' 라는 IT만의 능력을 살린 도구는 되지 못했다. 따라서 각 회사 모두, 베테랑 설계자가 도면 체크를 되풀이하여 실시해 과실을 최소한으로 억제할 수 있도록 노력하고 있는 것이 현재의 상황이다.

오차를 낳는 원인은 무얼까

설계자가 작성하는 실시도면은 민간 중규모부터 대규모 건축공사의 경우 다음과 같다.

◎ 건축도

건축의 전반적인 내용을 담은 건물의 내 · 외장, 마무리 등 사람의 눈에 띄는 부분의 디자인과 마무리를 그린 전체의 기본이 되는 도면. 일반적으로 도면이라고 한다면 건축도를 가리키고 있는 경우가 많다.

◎ 구조도

기둥과 보 등 건물을 지탱하는 구조물을 선택하여 그 구조물에

11) ◎CAD

Computer Aided Design 혹은 Drawing의 약어로 「CAD」라고 읽는다. 컴퓨터를 사용한 제도 혹은 제도용의 시스템. 이전에는 트레이싱페이퍼 위에 그리던 건축도면을 지금은 거의 100%가, 컴퓨터에 의해 그려지고 있다. 통상, 2차원에서의 도면작성을 의미하고 있고, 본서에 밀접한 관계가 있는 3차원에서의 작도는 3차원 CAD 혹은 3D CAD라고 불려, 구별해서 다루어진다.

표준적인 실시설계도의 구성

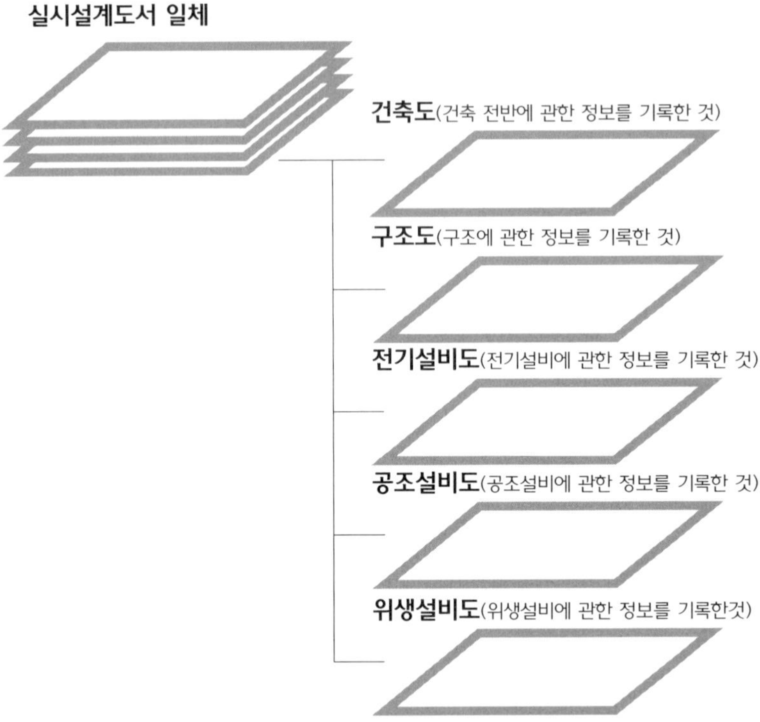

◎ 실시설계도는 설계자(건축가, 구조엔지니어, 설비엔지니어)가 그린다.

◎ 실시설계도는 건축도, 구조도, 설비도 각각의 도면이 따로 그려진다

◎ 시공자는 시공에 앞서 실시설계도를 기초로 종합도를 그린다.

관해 상세히 설명하는 도면으로 건축도와 구조도를 합쳐서 '건축도' 라고 하는 경우도 있다.

◎ 전기설비도

정보계의 설비(약전)와 기계의 동력용 전력과 조명 등(강전)을 선정하여, 그 시스템에 관한 설명을 한 도면.

◎ 공조설비도

에어컨 등의 공조설비와 환기를 위한 기계류, 덕트류를 선정하여 그 시스템에 관한 설명을 한 도면.

◎ 위생설비도

수도와 화장실, 그리고 그런 것들을 위한 펌프와 배관류를 선정하여 그 시스템에 관한 설명을 한 도면.

그 외, 승강기계설비와 기계주차설비 등을 독립된 도면으로 작성하는 경우도 있다.

시공자는 설계자가 그린 도면을 기초로 설계의도를 정확히 이해하고 시공할 필요가 있다. 설계 시에 여러 분야에서 각각 그려져 있는 이러한 도면들 위에 베껴 그려 **제네콘**과 설비 **서브콘**[12]의 담당자가 시공하는 입장에서 이해를 돕기 위한 도면이 '종합도' 라고 불리는 도면이다.

---

12) ◎제네콘과 서브콘

제네콘이란 건축공사 일체를 클라이언트로부터 직접 도급받는 「종합건설업」이라는 뜻으로, 영어의 General Contractor의 약어이다. 서브콘이란, 제네콘으로부터 특정 분야의 공사를 하청받는 Sub Contractor의 약어이다. 일반적으로는 제네콘이 일괄도급으로 수주한 일이라도 설비공사에 관한 것은 설비전문공사업자에게 하청을 주는 경우가 많다. 이런 이유로 일본 건축 비즈니스에서 「제네콘/서브콘」이라는 말은 각각 「종합건설업/설비전문공사업자」라고 대치한 개념으로 채택되는 경우가 많다.

시공도와 제작도를 작성하기 전에 설비내용에 관해 시공자를 확실하게 이해시키는 것이 주된 목적이지만, 여러 분야에서 각각 그려져 있는 설계도면의 상호관계를 체크하는데 있어 매우 유용하다.

대형건축물 시공시에도 종합도의 작성은 불가피하다. 설계자와 시공자가 함께 이 도면을 이해하는데 있어 오차를 최소한으로 줄이기 위함이다. 그러나 이 종합도를 작성하는 것도 아직은 인력과 경험에 의지한 작업이기 때문에 효율적이라고는 할 수 없다.

실제 시공에 임해서는 이 종합도 외에 **구체도**[13)]와 **배근도**[14)], **거푸집도**[15)]와 **제작도**[16)] 등 수많은 '도면'이 제네콘, 설비 서브콘, 그리고 건물 각부의 부품을 작성하는 전문 메이커에 의해 작성된다. 그리고 종합도로 오차를 감소시켰어도 이 방대한 양의 도면을 작성하는 과정에서 과실이 발생할 가능성이 높다.

또한, 이들 도면을 기초로 실제 시공을 하는 단계에서 과실이 생기는 경우도 있다. 배근도가 정확해도 실제로 배근이 맞게 시공된다는 보장은 없다. 인력에 의지하는 것 외에 오차를 최소한으로 억제시킬 방법은 없는 것일까? IT화로 발전하는 시대에 과실을 체크하는 시스템을 IT를 이용하여 고안해내는 것이 가능하다면, 과실을 최소로 억제시킬 수 있을 것이라고 생각하는 사람은 많을 것이다.

---

13) ◎구체도

건물의 내부 콘크리트 부분을 선정하여 그린 시공도를 구체도라고 한다. 콘크리트의 형상과 치수를 기재한 공사용 도면으로, 설계단계가 아닌 시공단계에서 시공자에 의해 그려지는 도면이다.

14) ◎배근도

건물의 철근콘크리트 부분에서 어떤 철근을 어느 정도 사용할까를 지시하는 도면이다.

15) ◎거푸집도

콘크리트를 타설할 때에는 통상 거푸집이라는 패널을 설치해서 내측에 콘크리트를 부어 넣는데 거푸집도란 그 패널을 어떻게 배치할까를 가리키는 도면으로 일반적으로 시공시에 시공자에 의해 그려진다.

16) ◎제작도

현대 건축공사에서 콘크리트 타설 이외의 건물을 구성하는 대부분의 부재는 종합도급업자로부터 전문 메이커에 외주 제작되는 것이 일반적이다. 그 부분을 제작함에 맞춰 그리는 도면을 총칭하여 제작도라고 한다. 일반적으로는 전문메이커에 의해 그려지는 도면이다.

종합도란?

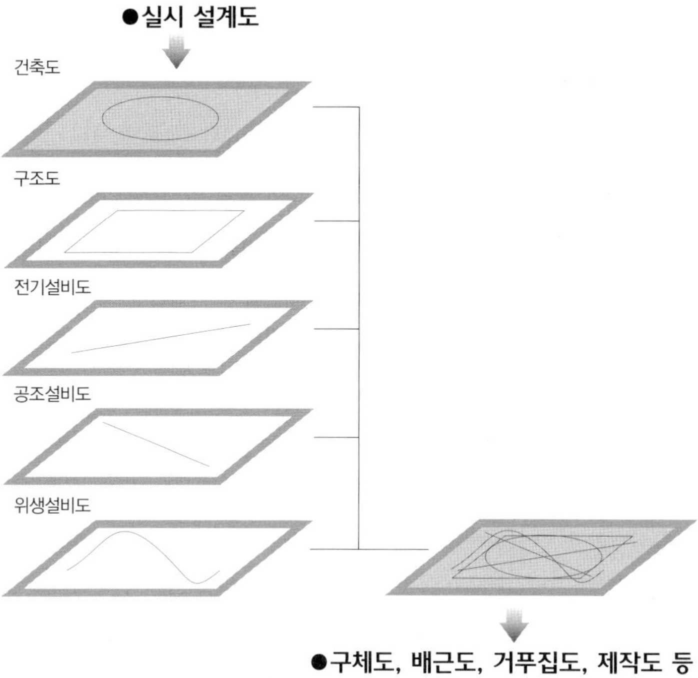

◎ 종합도는 실시설계도를 이해하기 위해 '시공자' 가 그린다.

◎ 종합도는 각각의 분야에서 그려진 설계도를 1장의 도면 위에 겹쳐 그려서 각각의 도면의 잘못된 부분을 밝혀낸다.

◎ 시공시에 종합도에 더해 구체도와 배근도, 거푸집도와 제작도 등 많은 양의 '건설을 위한 도면' 이 그려진다.

프로젝트의 장기화와 지연 문제

최근 수년, 부동산 증권화, 유동화의 흐름 속에서 프로젝트에 관계된 자금의 금리에 대한 부담을 줄이기 위해 클라이언트로부터 프로젝트 전체공기의 단축이 크게 요구되는 시대가 되었다. 그런데 내진강도 위장문제와 잇달아 일어난 설계, 시공의 과실이 계기가 되어 건축 인·허가를 비롯한 건축에 관계된 여러 가지 신청의 심사가 강화되게 되었다. 2007년 6월에 이른바 개정건축 인·허가신청이 시행되었으나, 여기서 심사의 강화는 곧, 심사기간의 장기화 또 프로젝트의 장기화와 지연으로 이어졌다.

2007년 7월 이후, 명백히 **인·허가신청**에 필요로 하는 기간이 **장기화**[17]되고, 프로젝트가 지연되고 있는 상황을 누구나 실감했을 것이다. 당시에는 법규 개정 후의 일시적인 현상으로 여겼지만 결과적으로는 07년도의 주택착공 호수는 전년도비 19.4% 감소한 103만 호가 되어 1966 이후 41년만의 저수준으로 되고 말았다.

장기화의 원인[18]은 엄격한 심사기준에 대비하여 서류를 준비하는 설계자측의 작업시간 증대화도 있지만, 직접적으로는 신청기간 중에 설계도서 상의 과실을 철저히 조사하여 제출하기 위한 심사측의 업무 증가에 있다. 인·허가신청 개정 후 1년이 지나도 여전히 장기화의 경향은 계속되고 당초 이야기되고 있던 것처럼 법 개정 직후의 혼란이 쉽게 끝나지는 않았다.

---

17) ◎인·허가 신청의 장기화

개정건축기준법의 시행 후, 인·허가 신청의 장기화에 의해 착공 바닥면적의 대폭적인 감소를 받고, 경제단체연합회는 2007년 12월 11일에 이례적이라고도 말할 수 있는 「건축 인·허가심사의 개선을 요구하는 요망」을 제출했다.

18) ◎인·허가 신청 장기화의 원인

건축사자격 취득자의 전국적 조직인 「일본건축사사무소 협회 연합회」는 2008년 2월에 개정건축법 시행 후의 인·허가 신청의 실태를 조사하기 위해 앙케트 조사를 하고 있다. 심사 자체가 난항을 겪는 것의 비율은 시간이 갈수록 감소되고 있는 듯 보이지만, 심사기간 자체는 확연한 감소를 보이지 않으며, 앙케트의 내용만 본다면 심사기간의 장기화는 정상화의 방향으로 진행되고 있다고도 할 수 있다.

필자는 심사기관이 움직이는 체크의 강화 자체는 Compliance[19]와 CSR[20]이 요구되는 시대에 맞는 방향이라 생각하고 있다. 제대로 체크해야만 인·허가신청의 의미와 책임이 있다.

문제는 여기에서의 체크도 아직까지는 인력과 경험에 의지한 것이기 때문에 현재의 기술적 혜택을 전혀 받고 있지 않은 고전적 방법에 의존하고 있다는 점이다. IT화 등 현재의 기술을 도입하는 것으로 엄격한 체크를 실시하면서도 심사가 단기화되고 프로젝트 공기의 단축화로 이어지는 것이 프로젝트에 관계된 누구에게나 바람직한 방향이라는 것은 분명하다.

클라이언트에게 불투명한 원가와 가격[21]

클라이언트(발주자)가 건축프로젝트에 대해서 가장 기대하고 있음에도 불구하고 가장 불만을 가지고 있는 것이 건설원가의 불투명함과 부정확함이다.

특히 일본에서는 제네콘(= 종합도급업)에 의한 일괄도급의 전통이 있고, 건설에 얽힌 여러 재료의 조달원가와 실제로 클라이언트와 시공자가 계약한 금액 사이에 괴리가 생기기 십상이었다.

일본의 제네콘은 계약 당초의 청구금액 가운데 물가변동에 의한 자재원가와 인건비 변동 등 여러 가지의 리스크를 안고 공사를

19) ◎Compliance

기업이 기업활동을 진행하는데 있어서 법령을 준수하는 것을 의미하지만, 일반적으로 보다 넓은 도덕을 포함한 준수를 의미하는 경우가 많다. 오늘날에는 CSR과 함께 건전한 기업 활동을 진행하는데 있어서 가장 중시되는 기본 원칙이다.

20) ◎CSR

Corporate Social Responsibility의 약어로 기업의 사회적 책임을 의미한다.

21) ◎원가와 가격

건축 비즈니스에 있어서는 「원가」는 원가와 경비, 「가격」은 거기에 리스크와 기업 전략 등을 가미한 실제가격이라고 파악하는 것이 일반적이다.

수행해 왔다. 따라서 도급금액은 실제 건설원가 이외에 예상되는 리스크를 보충하기 위한 +α가 가산된 금액이 되지 않을 수 없다.

설령 건설원가가 정확히 파악되었다 하더라도 최종적인 금액은 다른 요인으로 인해 변동되므로 결과가 좋지 않다. 설계사무소는 건설원가에 제네콘 측이 상정할 리스크를 감안하여 최종적인 금액을 예측해야 하기 때문에 매우 어려운 일이다. 그리고 한쪽으로 치우친 경제성장 속에서는 일본 특유의 설계시공 일괄발주는 건축에 관계된 예산을 당초에 확정할 수 있기 때문에 클라이언트로부터는 환영받는 방식이기도 했다. 특히 판매이익을 기반으로 사업을 구성하고 있는 '공동주택분양' 은 상품성도 있고 사업예산을 조기에 확정할 필요성 때문에 클라이언트로부터 환영받는 경향이 강했던 분야였다.

제네콘측으로서도 클라이언트에게 미리 도급금액을 제시함에 있어서 어느 정도의 리스크를 원가에 추가로 가산하는 것이 암묵적으로 허락되고 있었다. 따라서 리스크마저 억제하여 돌아오는 이익을 늘리기 위해 자연히 리스크 회피를 위한 기술혁신으로 연결된 것이지만 버블경제 붕괴 후, 리스크 경비의 불투명성은 환영받는 방식이 아니게 되었다. 클라이언트가 제네콘이 안고 있던 리스크 경비를 투명하게 함으로써 프로젝트에 관련된 올바른 원가를 정립시키려는 움직임이 일어나게 되었던 것이다.

미국에서 Construction Management(CM)[22]라고 불리는 원가관리기법이 부각되어 도입되기 시작한 것도, 발주측이 리스크 경비를 투명화하려는 움직임 속에서 발생한 것이다.

일본에서의 리스크 경비 투명화의 움직임은 설계, 시공 일괄로

---

22) ©Construction Management
통상 생략해서 CM이라고 표기한다. CM에 관해서의 자세한 내용은 본서 112페이지를 참조.

프로젝트 수탁이라는 일본 고유의 발주/수탁형식이 감소하는 형태로 나타나고 있다.

붕괴되는 제네콘의 신뢰

버블경제 붕괴 후에는 리스크 경비 축적의 수단이 되고 있던 이른바 '담합' 에 대해서도 조정이 가해지게 되었다. 담합 발각 후, 대기업 제네콘의 담당자가 체포되는 사태를 거쳐 담합으로부터 손을 떼고 업계의 건전화를 겨냥한 합의가 대기업 제네콘의 대표들 사이에서 체결되었다고 보도된 것은 2006년 1월의 **독점금지법개정**[23] 직전인 2005년 말의 일이었다. 그러나 2007년 말부터 이번에는 건설자재 원가가 현격히 상승되었다. 특히 철골과 전기배선 등의 원가 상승이 현격하여 건설원가를 대폭 인상하지 않을 수 없는 상황이 되었다.

2007년부터 2008년 6월까지의 건설 물가는 실질적으로 2~3할이나 증가되었다고 한다. 이 건설자재 가격상승의 원인은 국내상황이 아니고 세계 경제상황에서 발단하는 것이었다. 예를 들면, 철골의 경우 중동과 중국에서의 건설프로젝트 급증과 러시아 석유파이프라인 건설이 강관파이프의 많은 수요를 일으켰다고 할 수 있는 상황이고, 거기에 강관파이프, 즉 철의 수요에 수반되는 큰 이익을 위한 생각에 기인한다고도 한다.

---

23) ◎독점금지법개정

2005년에 개정되어 2006년 1월부터 시행된 「개정독점금지법」은 건축 비즈니스에 큰 영향을 주었다고 이야기되고 있다. 그 개정의 골자는 다음과 같다.

· 담합에 관계된 과징금 인상

· 위반행위를 스스로 신고하면 과징금을 면제

· 공정거래위원회 강제 수사가 가능하도록 권한을 부여

간단히 말하면 담합에 관계되는 벌칙을 강화하고 담합의 통보를 실시한 기업에는 벌칙을 면제하고 또 담합에 관계된 수사가 강화된다는 내용이다.

이제는 국내 경제동향만으로부터 경험적으로 건설원가의 변동을 예상할 수 있는 상황은 아니라는 것이다. 클라이언트나 설계자 또는 제네콘 조차도 원가의 변동을 예상할 수 없는 상황이 되어버렸다. 이런 상황에서 2008년에 제네콘 각 회사는 철골 등의 원가 상승과 공동사업에 있어서의 **'단품물가 슬라이드 조항의 상용'**[24]을 이유로, 이미 수주한 프로젝트에 대해서도 공사도급금액의 변경을 요구한다는 전대미문의 움직임을 시작했다.

이 제네콘 측으로부터의 요구는 어떤 의미에서 지금까지 일본 제네콘이 키워온 종합도급업의 위치를 뿌리부터 뒤집는 행동이라고 할 수 있다. 그것은 동시에, 일본 특유의 제네콘에 의한 '종합도급 = 도급금액불변' 이라는 신뢰감의 붕괴로 이어진다고 파악하고 있다.

구조적 저수익성의 원인은 어디에 있을까.

이처럼 어두운 상황이 많은 건축 비즈니스계이지만, 이러한 원인의 하나는 업계가 가진 '구조적 저수익성' 에 있다고 말해도 과언이 아니다.

건설업계 저수익성의 현재 상태는 타산업과의 비교로 명확히 드러나게 할 수 있다. 예를 들면, 건설업의 생산노동자 임금을 전 산업의 노동자 평균과 비교해 본 것이 다음 그래프(노동임금 추이)이다.

24) ◎단품물가 슬라이드 조항의 상용

2008년 6월 13일, 국토교통성은 특정 건축 자재가 현격히 높게 오르고 있는 현상에 입각해서, 이미 공사계약을 한 공사에 관해서도 물가의 상승을 가미해서 계약금액의 추가를 요구할 수 있다고 하는 취지의 발표를 실시했다. 적용범위는 국토교통성 직할공사뿐이었지만, 한번 계약한 공사금액의 추가를 인정한다는 전대미문이라고도 말할 수 있는 발표의 충격은 커서, 민간공사에서도 제네콘이 발주자에게 계약금액의 추가를 요구하는 움직임이 나오고 있다.

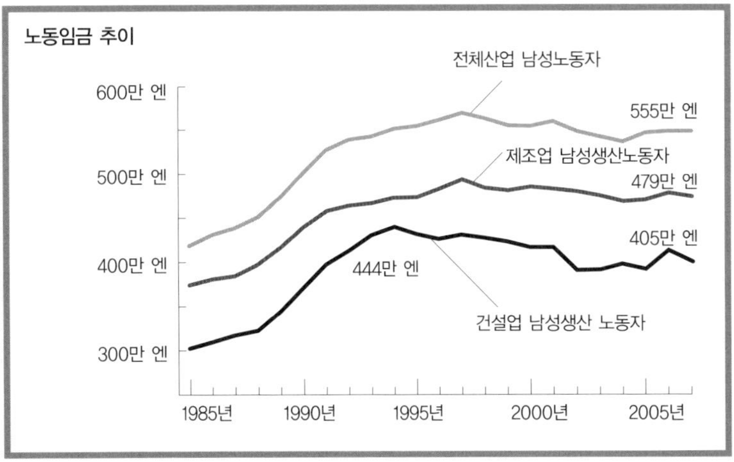

(출처 : 민간 급여 실태 조사 2006년/국세청)

버블경제 붕괴 직전까지는 급구배로 임금이 오른 후 버블 붕괴로부터 하강하더니 현재 상태에서는 10% 정도 밑돌고 있다. 수익저하 원인의 하나는 국내건설시장의 축소가 영향을 주고 있다. 1992년에는 84조 엔이었던 일본 국내건설 투자액이 2006년에는 52.3조 엔으로, 무려 62%의 규모까지 축소되었다.

이익률도 마찬가지 경향을 나타내고 있다. 다음의 그래프(건설업의 이익률 추이)는 건설업의 영업이익률과 전체 산업의 영업이익률을 비교한 것이다. 건설업 이익률의 절정은 1991년에 4%였지만, 2005년 시점에는 1.5%로 떨어지고 있다. 한편으로 전체 산업의 영업이익률은 1993년에는 2% 정도이었지만, 2005년에는 3.2%로 회복하고 있다. 명백히 건축 비즈니스만이 눈에 띄게 떨어지고 있는 상황이다.

국내시장이 침체되고 있다면 국제시장으로의 진출은 어떤 상태에 있는 것일까. 일본 건설업의 해외 수주실적을 보면, 1960년대 후반부터 급격한 성장을 보이고 1980년대 초반에는 1조 엔을 돌파해서, 2006년에는 1조 6,000억 엔을 돌파하고 있다. 그러나 이는

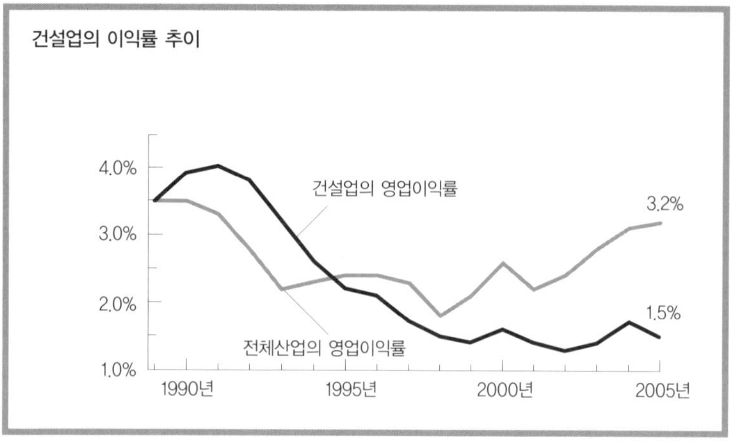

(출처 : 법인기업통계/재무성)

국내 수주액의 5% 이하이고, 업계에서 힘을 가진 거대 제네콘에 한정해 봐도 10%에 이르지 못했다.

건축디자인 분야에서는 단게겐조 씨는 특별한 경우이고, 이소자키 아라타 씨도 있고, 안도다다오 씨는 여전히 세계적인 거장이다. 비교적 젊은 세대에서는 쿠마켄고 씨와 SANAA 등 글로벌화하여 활약하고 있는 일본인은 많다. 즉 건축디자인 분야에서는 일본이 글로벌한 존재감을 보이고 있는 것이다. 그럼에도 불구하고, 건축 비즈니스계 전체로서는 시장을 자국 내로 한정한 폐쇄적인 상태로 남아 있는 것이 현재의 상태이다.

또한 저수익성 부분을 언급하자면, 일본 건축업 침체의 원인은 다른 산업에 비해 IT화의 적극적 활동이 늦어지고 있는 것이 주된 원인이라고 생각하고 있다. 도면의 작성방법, 종이를 기반으로 한 정보교환, 인력에 의지하는 상황돌파 등 지금까지의 업무방식을 없애고 디지털화된 정보를 IT기술로 유통시켜 공유한다라는 새로운 방법으로 바꾸는 것이 필요하다.

그렇다면 구체적으로 업계의 어느 부분이 구태의연해 있고 어떤 부분에 IT기술로 혁명을 일으켜 나가는 것이 필요한가를 다음 장 이후부터 보도록 하자.

제 1 장

3차원화하는 건축 비즈니스

2차원의 한계와 3차원의 가능성

2차원 도면은 이해하기 어렵다.

원래 3차원인 건축물을 2차원으로 표현하는 건축설계도는 전문가에게 있어서도 사실상 이해하기 어려운 것이다. 설계시에는 모형을 많이 만들게 된다. 특히 기본설계 등 '디자인을 생각하는' 프로세스에서 3차원 모형은 필수 아이템이다. 모형만이 아니다. PC의 발달로 컴퓨터 그래픽을 이용하여 건축물을 사진처럼 표현하는 기법, 이른바 'CG'[25]라고 불리는 도면을 디자인하는 프로세스에서 많이 그린다. 필자뿐만 아니라 현대 건축계에서는 주택설계부터 대형 빌딩 디자인에 이르기까지 마찬가지 경향을 나타낸다.

본래 '클라이언트에게 설명'할 목적으로 CG와 모형을 만들지만 설계를 함께 진행하고 있는 팀 멤버가 서로에게 '무엇을 설계하려고 하고 있는 것일까', '자신들이 설계하고 있는 것은 이러한 공간이다'라는 공통인식을 가지기 위해서도 효과적이다. 또한, 자신이 생각했던 디자인을 객관적으로 바라보고 확인하기 위해서도 큰 도움이 된다.

의식 있는 설계자라면 설계중인 건물을 클라이언트에게 정확히 이해시키고 싶어한다. 그렇기 때문에 모형과 CG로 완성도를 그린다. 이른바 방 배치와 가구의 레이아웃 등, 기능적으로 체계적인 것

---

25) ◎CG
Computer Graphic의 약어로, 컴퓨터를 사용해서 영상을 생성하는 기술 및 그 기술을 사용해서 작성된 영상을 의미한다. 2차원과 3차원의 표현이 있으나, 건축에서 CG라고 말할 때는 일반적으로 3차원의 현실적인 영상을 가리킨다. 일본에서는 단순히 「Pers」라고 불리는 경우도 있다. Pers는 Perspective의 약어로, 본래 투시도를 의미하고 있다. 따라서 정확히 말하면 투시도(Pers)에는 손으로 그린 것과 컴퓨터에 의해 그려진 것이 있고 컴퓨터에 의해 그려진 투시도(Pers)가 CG인 것이 된다.

은 클라이언트에게도 평면도(도식적)로 설명하는 것이 이해하기 쉬운 경우도 있다. 그러나 내부공간과 외관은 클라이언트에게 2차원이 아닌 3차원으로 표현하는 편이 훨씬 이해하기 쉬운 것은 말할 필요가 없다.

앞서 기술한 것처럼, 대학 등에서 전문적인 교육을 받아온 건축가와 엔지니어조차 모형과 CG 등의 3차원 자료를 통해 건물을 이해하고 있기 때문에 당연한 것이다.

클라이언트에게 「이해하기 쉽게」 보여준다.

이 경우는 요즈음 아파트의 모델하우스를 보면 보다 확실하다. 최근의 도심부 아파트는 건설 완료 이전, 공사중인 단계에서 판매를 개시해 버린다. 즉 구매자는 실물을 보지 않고 인생에 있어서 가장 큰 쇼핑을 해야 하는 것이다. 여기서 3차원적 표현이 유효하게 작용하게 된다. 그 중 가장 좋은 것은 모델하우스이다. 실제 방과 같은 크기의 것을 실제 재료로 만들기 때문에 3차원 표현의 극치라고 말할 수 있고, 여기에 있으면 클라이언트는 완성된 공간을 정확히 인식할 수 있게 된다.

이는 개발자 측에 있어서도 중요하다. 분양 아파트 판매는 구매자로부터 클레임을 받기 쉬운 사업이다. 즉 실제 건물이 완성되기 전에 판매하는 것이므로 추후의 클레임을 최소로 줄이기 위해서는 건설 후의 정확한 정보를 구매자에게 전해줄 필요가 있으며, 모델하우스가 가장 효과적인 수단이다.

다만, 모델하우스를 만드는 데에는 원가가 들기 때문에 모든 방을 만들 수는 없다. 따라서 모형과 CG, 컴퓨터를 이용하여 작성한 영상이 사용된다. 특히 외관 등은 대형 모형과 CG에 의한 영상의 독무대이다. 중국 등 신흥 클라이언트는 지금까지 업계의 상식에 얽매이지 않고, '이해하기 쉬움'을 최우선적으로 요구하므로 설계 초기단계부터 여러 부분의 CG를 요구한다. 현재, 방대한 프로젝트가 동시에 진행되고 있는 중국 본토에서는 이런 상황에 대응하기 위해 엄청난 수의 CG스튜디오가 난립하고 있다. 이들은 정지화면은 물론이고, 영상도 눈 깜짝할 사이에 작성해 버린다. TV광고 등의 업계에 있을 것 같은 우수한 능력을 가진 CG아티스트가 건축 비즈니스 때문에 움직이고 있는 것이다. 현재 중국에서의 건축 비즈니스의 융성을 느낄 수 있는 현상이기도 하다.

여기서 CG와 영상을 통한 컴퓨터의 활약은 2차원 도면에서는 볼 수 없는 것, 알기 어려운 것을 가시화해서 볼 수 있도록 하는 '시각화(Visualization)'라는 역할에 있다. 건축 비즈니스에서 IT

CG의 예 (호키 컬렉션의 외관과 내관 화상제공/닛켄설계)

기술을 이용한 건축물의 데이터가 빠르고, 방대하게 3차원화되고 있는 상황이 여기에 있는 것이다.

3차원 설계의 기원은 르네상스 시대에 있었다.

3차원의 이해하기 용이함은 현대의 특권은 아니다. 르네상스 시대의 이탈리아에서도 모형은 왕성하게 만들어졌다. 피렌체 중심에 있는 산타마리아 델 피오레는 15세기 브루넬레스키에 의해 설계된 교회건축에서 이탈리아 르네상스를 대표하는 건축이다. 브루넬레스키와 캄비오 등은 이 대성당을 설계하는데 해당하는 방대한 수의 모형을 작성한 것으로 유명하여 지금도 교회에 인접한 박물관 안에 여러 개의 모형이 보존되어 있다.

건축가 자신을 위해 만든 모형이 있으면 시공자와 클라이언트에게 설계 의도를 전달하기 위해 작성한 모형도 있는데, 큰 것은 높이 3.6M, 종횡 2.0M의 모형도 있으며, 이는 클라이언트를 위해 만들어져 사용 후 현장의 공중화장실로 사용되고 있었다고도 전해지고 있다.

원래 CG와 투시도 그리는 방식의 원리인 '투시도법' 은 르네상스시대에 태어났지만 이 시대의 투시도법은 실제 존재하는 건축물 등의 3차원 입체를 정확하게 2차원 캔버스 위에 재현한다는 도전으로부터 태어난 것이다. CG는 컴퓨터 속 3차원 가상공간에 입체를 구성하여 그것을 같은 컴퓨터 내의 2차원 캔버스 위에 투시도의 원리를 이용하여 투영한 것이다.

CAD로 2차원 도면을 그리는 것이 건축에 있어서 IT이용의 최초의 단계라고 한다면, CG는 3차원으로 그 세계를 넓힌 제2단계라고 할 수 있을 것이다. 르네상스기 투시도법의 발명 없이 CG는 없었을 것이고, CG가 없으면 3차원 설계도 없었다. CG는 르네상스

르네상스시대부터, 3차원 모형이 만들어졌다.

산타마리아 델 피오레

르네상스를 대표하는 건축으로 피렌체에 있는 가톨릭 대성당이다. 거대한 돔이 특징이며, 그 돔이 초기 르네상스를 대표하는 건축이 되고 있다.

◎ 르네상스 시대에는 천재적인 건축가들도 앞다투어 모형을 만들었다.

◎ 천재적인 건축가들로서도 모형은 이해하기 쉬운 것이었다.

◎ 경우에 따라서는 사람이 속에 들어간 대형모형도 작성했다.

시대의 기술과 현대 IT기술과의 융합에 의해 실현된 기술이라 할 수 있다.

3차원+α의 정보가 여는 가능성

3차원적 표현이 클라이언트나 건축 관계자에게도 편리하다는 것뿐만 아니라 일부에서는 3차원으로 하지 않을 수 없다는 상황도 나타나고 있다.

예전에는 건물을 계획할 때 외형을 규정하는 제한, 이른바 **도로사선제한**[26]과 **인지사선제한**[27]은 컴퓨터를 사용할 필요 없이 단순한 수작업만으로 형태를 잡을 수 있는 것이었다. **일조규제**[28]가 시작된 시기에는 일조차트라는 정해진 규칙으로 체크하고 있었지만 복잡한 일조 검토를 빠르게 실시하기 위한 방법으로 지금은 컴퓨터상에 3차원 볼륨을 넣고 시뮬레이션하는 것이 보편화되었다. 예를 들어 도심지에서는 이웃집에 몇 시간 정도의 그림자가 비춰진다든지, 기존의 건물과 동일하게 생각하면 어떤 그림자가, 어디에, 몇 시간 비춰질까 등 복잡한 시뮬레이션이 필요한 경우가 자주 있지만 이런 경우 일조차트는 큰 도움이 되지 못한다. 따라서 일조를 시뮬레이션하는 소프트웨어가 보급되기 시작하고, 일조 시뮬레이션을 PC에

---

26) ◎도로사선제한

건물을 건축할 때 법과 각례에서 결정된 건축물의 형태를 규정한 제한의 하나. 도로의 반대쪽을 기점으로 일정의 구배로 그은 사선 안에 들어가도록 건축물의 형상을 제한하기 때문에 도로사선제한이라고 불리고 있다.

27) ◎인지사선제한

도로사선제한과 같이 법과 각례로 결정된 건축물 형태 제한의 하나. 이웃 부지와의 경계선을 기점으로 일정의 구배로 그은 사선 안에 들어가도록 건물의 형태를 제한하기 때문에 인지사선제한이라고 불리고 있다.

28) ◎일조규제

건물이 배후 부지에 과도한 일조를 비추지 않도록 법과 각례에서 결정된 건축계획상 제한의 하나. 일반적으로는 동지일을 상정해서 인접부지에 일정시간 이상의 일조를 조성하지 못하는 것이 결정되고 있다.

서 간단하게 처리할 수 있는 시대가 됨으로써 건축설계 실무의 일부로 CG와는 다른 3차원에 의한 검토가 이젠 필수불가결하게 되고 있는 것이다.

또 2003년에는 건물이 어느 정도 하늘을 가로막을지 시뮬레이션하는 천공도라는 도면을 그리는 것으로서 도로사선 등 형태제한이 일부 완화되도록 건축기준법이 개정되었다. 이 천공도에 이르러서는 컴퓨터상에 3차원 볼륨을 상정하여 계산하는 것이 필연적이 되었다고 말해도 좋을 것이다. 부분적이지만 법규 자체가 3차원 설계를 전제로 해서 시행되었다고 말할 수 있는 것이다.

CG에서는 단순히 3차원 형태의 정보만을 다루고 있었지만, 일조 검토에서는 태양의 방위 등 다른 정보도 동시에 취급하고 있다. 디지털의 특성을 이용하여 3차원 형태의 정보에 $+\alpha$의 정보를 더하는 것으로 건축의 3차원 정보는 더욱 더 이 가능성을 확장할 수 있다는 것을 알 수 있다. 본 서의 주제인 BIM 또한 이와 궤도를 같

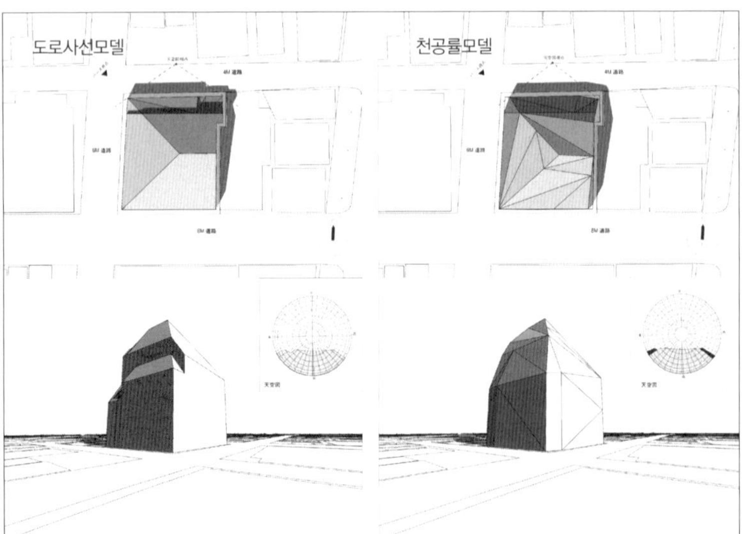

천공도의 예 (진보초 시어터 빌딩, 야마나시 토모히코+하도리 타츠야/닛켄설계)

이 하고 건축에서의 IT이용에 의한 가능성 확대인 것이다. 여기서 IT 이용이 가져오는 가능성에 관해서는 일본의 '다실'[29]을 예로 생각해보려 한다.

「다실」에서 사용된 입체적 설계기법

다실은 일본건축 중에서도 특히 내부부터 3차원적인 공간에서 시점의 움직임을 중요시하여 설계되었다. 설계의도를 전달하기 위해 '오코시에즈'[30]라는 기법을 사용해왔다. 오코시에즈라는 것은

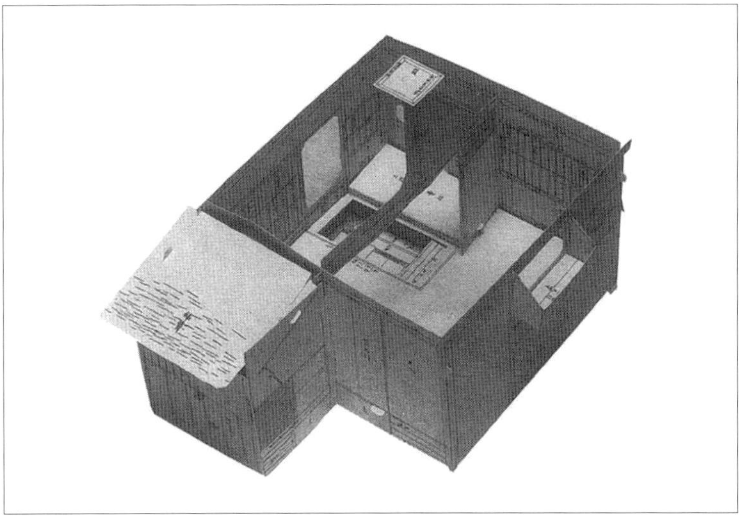

오코시에즈의 예

29) ◎다실(역자 주)

다실은 다도에 관한 여러 가지를 주최자가 손님을 불러 차를 내기 위해서 만든 시설이다. 일본 정원 안에 노지를 마련해 다실을 꾸미는 것이 일반적이었지만 근래에는 호텔이나 공회당, 상업 빌딩 등에 만들기도 한다. 또 다도부를 설치하기 위해 캠퍼스 내의 한쪽 구석에 다실을 짓고 있는 대학도 많다.

30) ◎오코시에즈(역자 주)

오코시에즈란, 종이에 그려진 그림을 입체적으로 조립하도록 한 것으로 보다 알기 쉽고 전달하기 쉽게 연구한 건축표현기법의 하나이다. 간편하면서 열면 2차원 도면, 조립하면 3차원 입체가 되는 조형이다.
일본에서는 다실을 비롯해 저택이나 사찰건축 등 다양한 오코시에즈가 만들어져왔다.

'타테에즈' 라고도 불리고, 조립하면 모형체가 되는 종이 도면을 말한다. 치수 이외에도 내장과 족자가 묘사되어 있거나 정원의 징검돌 등도 묘사되어 있음으로써 다실의 의장이 입체적, 3차원적으로 이해할 수 있도록 되어 있다.

오코시에즈는 CG와 다르게 입체적인 것만이 아니고, 치수 등의 문자정보도 기입되어 있는 것이다. CG라면 흙의 마무리를 표현할 때 흙의 도안을 붙이지만 문자와는 다르게 그 토벽이 어떤 제품인가?까지는 알 수 없다. 그러나 오코시에즈에서는 선택한 흙의 종류가 문자로 써 있으면 정확한 흙의 종류를 알 수 있고, 가격이 적혀 있으면 값도 알 수 있다. 가령 오코시에즈가 디지털화된 3차원 정보로 상정하길 바란다면 사용할 수 있는 구체적인 제품명까지 정보화되어 있기 때문에 CG로서 그 완성된 모습을 컴퓨터상에서 보는 것뿐만 아니라 마감재의 표현도 눈 깜짝할 사이에 만드는 것이 가능할 것이다. 또, 선택한 벽면의 면적도 즉석에서 집계되고 단가도 원가 시뮬레이션할 수 있을 것이다.

동시에 3차원 형태 모델이 주변에 어떤 그림자를 비출까에 대한 시뮬레이션과 천공률에 의한 완화가 적용된다면 층고를 높일 수 있는지에 대한 여부가 짧은 시간 내에 검토 가능하게 된다. 건축에 있어서 IT의 차세대 이용이란, 3차원 형상 데이터에 건물의 설계와 시공, 그리고 완성 후의 관리까지를 포함하여 필요한 마감과 수량 등 여러 가지 데이터를 디지털화하여 처리할 수 있게 하는 구조인 것이다.

본 서가 주제로 하고 있는 Building Information Model(= BIM)이란 확실히 이것을 실현하는 시스템이다. BIM은 현재의 디지털 오코시에즈라고도 말할 수 있는 것이다.

3차원 종합도에 의한 건설 시뮬레이션

3차원 종합도의 유효성

3차원인 건축물을 2차원으로 표현하고 있던 지금까지의 설계도에는 '공간을 이해한다' 라는 목적으로 사용하기에는 한계가 있다. 따라서 도면에 표현된 생각을 이해하고 3차원인 건축물을 구축하기 위해, 현재 상태에서 먼저 종합도를 작성하고 그것을 잘 다듬어 완성하여 여러 가지 시공용 도면과 제작도를 그려가는 순서를 취한다는 것은 앞에서 기술했다.

종합도는 설계와 건설에 관계된 과실을 최소한으로 줄이기 위해 매우 큰 역할을 하고 있다. 다만, 어디까지나 이것은 2차원 도면의 겹쳐 맞춤과 검토를 위해서이고, 대부분의 경우 조명과 공조, 콘센트 등 실내측에서 보이는 여러 설비와 디자인과의 조정이 최대 목적이다. 거기에서 가령, 모든 설계도가 3차원화되어 그것을 하나로 겹쳐 맞춰 3차원 종합도를 만드는 것이 가능하다면 그 유효성을 쉽게 상상할 수 있다. 2차원 종합도가 주로 실내에 무게를 둔 것에 반해 3차원 종합도는 천장 속의 상황까지도 쉽게 재현할 수 있다. 즉 구조와 설비의 충돌을 눈으로 보고 확인할 수 있는 것이다. 공조덕트와 구조의 충돌은, 건축 설계와 현장의 시공단계에서 그 해결을 위해 막대한 에너지가 쏟아지고 있는 부분이다.

일본에서는 대형 건축물의 대부분이 철골조이다. 철골조의 대부분은 공조덕트와 전기의 배선락을 보에 구멍을 뚫고(보 관통이라 함) 통과시키기 위해 설비와 구조의 충돌은 매우 중요했고, 이것이 바람직하지 않게 충돌하고 있는 상황을 구조와 설비가 '간섭하고 있다' 라고 한다. 이 간섭상태를 설계단계에서 체크하고 또한 시공

3차원인 건축물 검토에는 3차원의 종합도가 이해하기 더 쉽다.

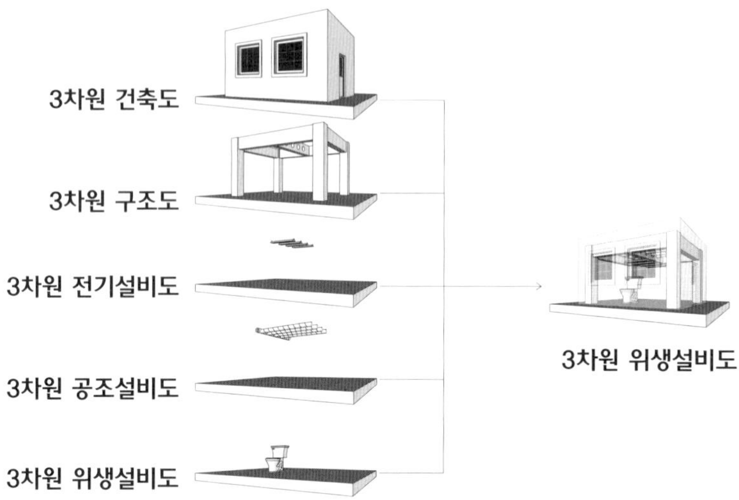

◎ 처음 3차원인 공간과 건물을 이해하기 위해서는 2차원 설계도로는 한계가 있다.

◎ 모든 설계도를 3차원으로 할 수 있다면 3차원 종합도는 쉽게 작성할 수 있다.

◎ 3차원 종합도라면 건축과 구조와 설비의 충돌을 3차원에서 쉽게 확인할 수 있다.

◎ BIM이란, 확실히 이 3차원 종합도를 설계와 동시에 구축하는 것이라고 말할 수 있다.

단계에서 골라내어 해결하는 것이 실무에서는 중요한 일이 되고 있다.

3차원 종합도를 만드는 것이 가능하다면 이 간섭체크(Crash Detection)는 상당히 정확도가 높게 되고, 그것에 디지털 정보를 훌륭하게 사용하여 리스트업할 수 있으면 최적의 조건이 되는 것이다. 구조와 설비만이 아니고 천장에서 보가 돌출되는 마감과 구조의 간섭, 혹은 통기구와 조명이 같은 위치에 붙어 버리는 공조와 전기의 간섭도 체크할 수 있다. 설비나 시공도 IT기술의 도움을 빌리는 것으로 대폭적인 스피드업을 기대할 수 있다.

시간축을 가진 시공 시뮬레이션

새시와 PC커튼월[31]처럼 건물을 구성하는 여러 가지 요소의 부품화가 발전하고 전문메이커측에서의 제작비율이 오르고 있는 현재의 제네콘은 많은 전문메이커와 전문업자를 공정대로 계획적으로 움직이고 현장을 관리해가는 것이 주된 일이 되고 있다.

3차원 종합도를 확대 해석하면 가상공간 속에 건축, 구조, 설비를 종합한 3차원적 건축모델을 제작하는 것이다. 이 작업을 상호간섭체크부터 차후의 일까지 일종의 시뮬레이션으로 파악한다면 3차원 종합도는 유효한 시공검토 도구가 될 것이다. 3차원 데이터를 이용하여 굴착부터 준공까지의 공정으로 이어진 사전검토가 가능

31) ◎PC커튼월

초고층 빌딩의 외벽은 통상적으로 구조체와 분리되어 커튼처럼 구조체에 매달 수 있는 상태로 되어 있어서 이것을 커튼월이라 부르고 있다. PC커튼월이란 PC로 만들어진 커튼월을 의미한다.

PC란, Precast Concrete의 약어로 공장 등에서 사전에 타설하여 양생시킨 콘크리트의 명칭이다. 콘크리트는 염가이면서도 튼튼하여 건물 외벽의 소재로 적합하지만 초고층 빌딩 상부에서 철근콘크리트벽을 타설하는 것은 불합리하기 때문에 커튼월이 채택되고 있다. 초고층 건물의 외벽이 타일과 돌 등으로 마무리되어 있는 경우, 그 바탕을 구성하는 외벽은 대부분이 이 PC커튼월이다.

하다면 시공과 자재 조달의 정확도가 높아질 것이다. 그 시뮬레이션 결과를 사용하여 각 공정에서의 자재 조달료를 정확하게 산출하는 것도 가능하다.

또, 시공검토의 절차도 업무의 책임자를 필두로 현장에 출입하는 많은 공사 관련자에게 보여줄 수 있으면, 각각 해야 할 일에 대한 인식과 이해가 깊어질 것이다. 즉 3차원 데이터는 건설에 관련된 모든 사람이 공통의 정보를 이해하고 최적 해를 구해서 논의하고 필요한 정보를 교환해서 시간축을 가진 **플랫폼**[32]이 될 가능성을 가지고 있는 것이다.

이러한 시간축으로 이어진 검토를 3차원 = 3D에 '시간'이라는 차원을 더해 4D[33]로 표현하는 것이 컴퓨터 분야에서는 일반화되어 가는 중이다. CAD는 2차원으로부터 시작되어 3차원으로 되고, 이제는 4D+α의 정보를 다루는 것으로 되어가고 있는 것이다. 그래서 BIM은 이 4D도 겨냥하고 있는 툴인 것이다.

32) ◎플랫폼

원래는 주변보다 한 단 높게 된 장소를 가리키는 말이지만, 철도역사의 플랫폼을 의미하게 되었다고 말하고 있다. 여기서는 「공통기반」의 의미로 사용하고 있다. 3차원 CAD와 데이터가 플랫폼으로서 가능하다는 것은 그것들이 건축정보를 교환하는데 있어서 공통의 기반으로서 가능하다는 의미이다.

33) ◎3D, 4D

각각 '3차원', '4차원'을 의미한다. 숫자 뒤의 D는 Dimensional 혹은 Dimension의 약어로, 차원을 의미한다. 3차원은 우리들이 생활하는 현재의 상황 그대로 이므로 쉽게 이해할 수 있다. BIM의 세계에서 4D라고 말할 때, 4번 째 차원은 스케줄을 의미해서 스케줄 검토가 가능한 BIM 시스템이라는 의미로 사용할 수 있다. 즉 5D의 경우는 원가라는 의미로 사용되는 경우가 많다. 더불어 SF영화에 나오는 다른 차원을 의미하고 있는 것은 아니다.

클라이언트 · 설계자 · 시공자의 상호관계 변혁

공통의 손익과 플랫폼

건설이라는 동일 프로젝트에 관계되면서 클라이언트(발주자), 설계자, 그리고 시공자의 관계는 각각의 기업 이익을 우선시함으로써 적대관계에 빠지는 경우도 있다. 본래 이들 3자는 하나의 프로젝트를 수행하고 그로부터 이익을 얻는 운명공동체일 것이다. 이런 관계를 개선하기 위해서는 상호간 리스크와 책임을 수시로 확인하고, 파트너십을 공평히 성립시키기 위한 공통의 플랫폼이 필요하지만 현 상황에서 적절한 것은 없다.

여기서 3차원을 기반으로 한 디지털 데이터로부터 건축물의 정보를 이들 3자가 수시로 받는 것이 가능하다면 설계중에도 실시간으로 각각이 원가를 적산할 수 있다. 그리고 준공 후에도 시설의 운영과 에너지소비 상황 등 시설관리에 관련된 원가정보를 공유할 수 있다. 건물의 설계정보와 시공 상황, 그리고 관리운영 상황을 가시화하여 팀 내에서 프로젝트의 투명성을 담보할 수 있다면 누구라도 이러한 정보를 받아서 적절한 업무를 수행할 수 있고 불공평하다는 느낌을 가지게 되는 일은 없을 것이다. 이런 시스템 구축이 가능하다면, 건축 비즈니스의 틀을 짜는 것이 크게 개혁될 가능성이 있다.

러닝코스트(Running Cost)는 건설비의 3배

지금까지의 건축 프로젝트는 '설계부터 준공까지의 기간에 완결하는 것' 이라고 알고 있었다. 그러나 실제로는 건설비 이상으로 그 후의 유지관리에도 비용이 든다. 경제적인 부분을 생각하면 건축 프로젝트는 설계부터 준공, 그리고 운용까지 포함시켜 파악해야 한다. 즉 건물의 생애에 관계되는 원가를 '**라이프사이클코스트**(LCC ; Life Cycle Cost)'[34]라고 말한다. 오피스 빌딩의 경우 수명을 60년 정도라고 상정하면 건설원가의 약 3배의 유지관리비가 소요된다고 한다. 즉 LCC 가운데 건설시 필요로 하는 원가가 차지하는 비율은 25% 정도에 불과한 셈이다. 이러한 경향은 환경보존 입장에서 건물의 수명이 연장된다면 보다 현격하게 나타날 것이다.

건축 프로젝트의 원가는 건설당초 이니셜코스트(Initial Cost)에 시설을 유지관리하기 위한 러닝코스트(Running Cost)를 더한 건물의 생애를 생각한 라이프사이클 개념으로 생각하여 검토해 가는 것이 필요한 시대가 되었다고 할 수 있다.

예를 들면 지금까지는 외장을 건설시의 원가만으로 생각한 셈이었지만, 지금부터는 외장재에 의한 청소비용과 유지비용이 얼마만큼 들까? 또 이에 따른 라이프사이클코스트에는 어느 정도 차이가 있을까? 등을 평소에 생각하면서 설계를 진행할 필요가 있다. 에너지소비와 CO_2 배출량도 건물의 라이프사이클에서 같이 파악해야 할 중요한 요소인 것이다. 지금까지 외장면의 심한 요철은 디자인 모티브로서 파악될 수 있어도 라이프사이클 시점에서는 쓸모없는 것이라고 생각했다. 그러나 환경시뮬레이션을 실행시켜보면 적절한 수직루버와 수평루버 설치는 창 주변의 열부하를 격감시키는 효과가 있다는 것을 알 수 있다.

34) ◎라이프사이클코스트(LCC)

건축물을 설계나 시공 단계에서만 필요한 원가로 파악하지 않고 관리, 운영, 수리, 그리고 해체 처분까지 건물의 생애에 관계된 비용 총액에 포함시켜 파악한다는 의미의 말이다. 통상은 건설시에 이니셜코스트와 관리운영시의 런닝 코스트 두 가지로 나눠서 파악하는 경우가 많다. 건축물에서는 이니셜코스트에 비해 런닝코스트의 비율이 높기 때문에 다소 이니셜코스트에서의 부담이 높아져도 런닝코스트의 저감이 가능하면 LCC를 낮출 수 있다는 발상으로 사용되는 개념이다.

3차원의 건축 데이터베이스를 공통 플랫폼으로 한다.

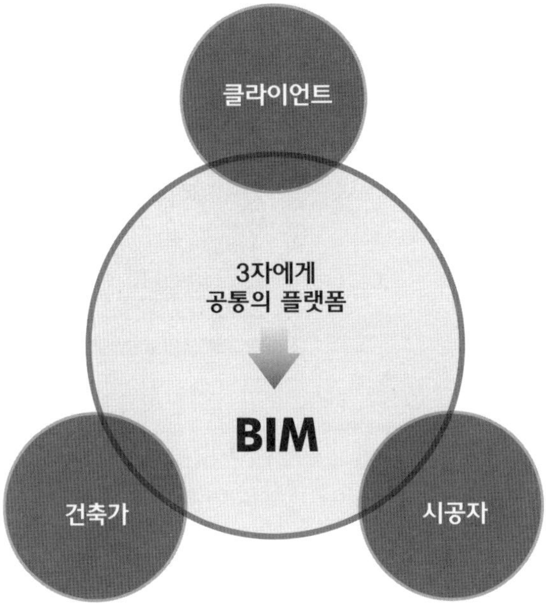

◎ 처음 발주자, 설계자, 시공자는 프로젝트에 있어서 운명공동체라고도 말할 수 있을 것이다.

◎ 현 상태는 각각의 기업 이익을 우선시하여 적대관계에 빠지기도 한다.

◎ 3자의 파트너십을 공평하게 성립시키기 위한 플랫폼이 있으면 공통의 득실을 향해 협조관계를 구축할 수 있다.

◎ 3차원 건축 데이터베이스, 즉 BIM이 그 플랫폼 역할을 완수할 수 있다.

오피스 빌딩의 경우 건설원가는 라이프사이클코스트의 불과 25%

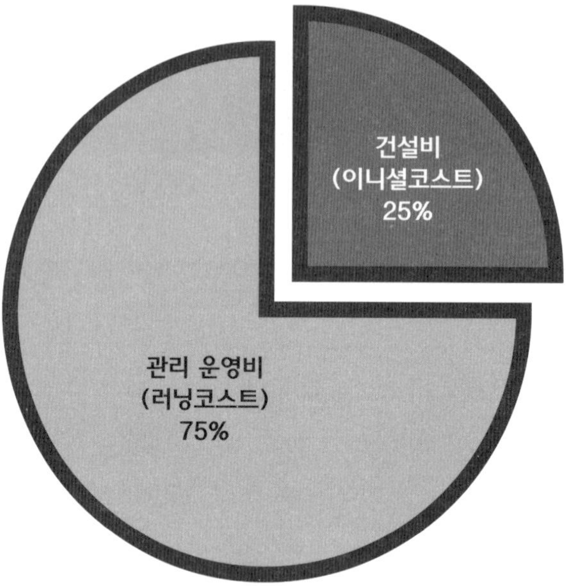

◎ 오피스 빌딩의 경우 수명을 60년으로 상정하면 건설비는 라이프사이클코스트의 25%에 불과한 셈이다.

◎ 원가면에서 프로젝트를 파악하려면 LCC로 파악해야 한다.

◎ LCC를 설계 시점에서 반영하기 위해서는 건축의 3차원 데이터베이스인 BIM이 효과적으로 작용한다.

◎ 준공 후에도 BIM을 적절히 유지하면 건물의 차트로서도 효과적으로 작용한다.

오피스 내부로의 기둥 돌출 등도 설계 과정에서 '퍼실리티 매니지먼트(FM ; Facility Management)'[35]의 시점부터 시뮬레이션을 실시해보는 것으로 기둥의 유무가 레이아웃 효율을 어느 정도 변화시킬까에 관해서도 설계 초부터 검토 · 실행하는 것이 가능하다.

이들을 설계중 신속하게 실행하기 위해서는 설계정보의 3차원화가 효과적이다. 설계가 3차원으로 진행된다면 수시로 필요에 의해 3차원 모델을 사용한 시뮬레이션을 별도의 전문가도 실행할 수 있다. 이는 정보를 설계에 신속하게 피드백하는 것으로서 건물이 완성된 단계에서 보다 원활한 운용으로 이어지고, 라이프사이클코스트의 절감을 꾀하는 것이 가능한 것이다.

건설 후에도 3차원 정보 데이터베이스를 적절하게 갱신해두면 과거의 운용 상황과 보수 상황이 어떻게 진행되었는지 쉽게 파악할 수 있다. 건축물을 라이프사이클로 파악하여 관리하기 위해서는 관리데이터도 다시 3차원 건축 데이터베이스로 짜넣어 가는 것이 필수가 되는 시대가 다가오고 있다.

---

35) ◎퍼실리티 매니지먼트(FM)
건설관리의 의미로 최근에는 FM이라고 생략되어 불리는 경우가 많다. 건물을 포함한 부동산을 유지, 관리하는 것과 그 구체적인 방법을 가리키는 말이지만 확대해서 건축물의 건설을 그 범주에 포함하는 것도 있다. 건설원가 이상으로 유지관리에 필요한 원가가 더 큰 것이 명확하게 된 현대에서는 매우 중요한 개념이 되고 있다.

BIM의 등장

BIM이 가져오는 진정한 IT화

이러한 상황에서 BIM이 등장한 것이다. BIM은 건물의 3차원 형태 정보에 원가와 마감과 관리정보 등 +α의 정보를 더한 건축의 3차원 데이터베이스이다.

이것은 IT의 잠재력을 진정한 의미로 건축에 활용한 차세대 정보혁명이고, 일본 건축업계가 안고 있는 여러 가지 문제를 해결하고, 적절한 검토를 실행하기 위한 플랫폼으로서의 기능을 할 수 있는 것이다. 여기서는 앞에서 기술해온 건축업계의 여러 가지 문제에 대해 BIM이 할 수 있는 역할에 관하여 정리하고 재검토하고자 한다. 정보의 디지털화는 컴퓨터에 의한 지원을 가능하게 함으로써 인간의 결점을 보충할 수 있다. 현재의 건축 비즈니스계에서는 인

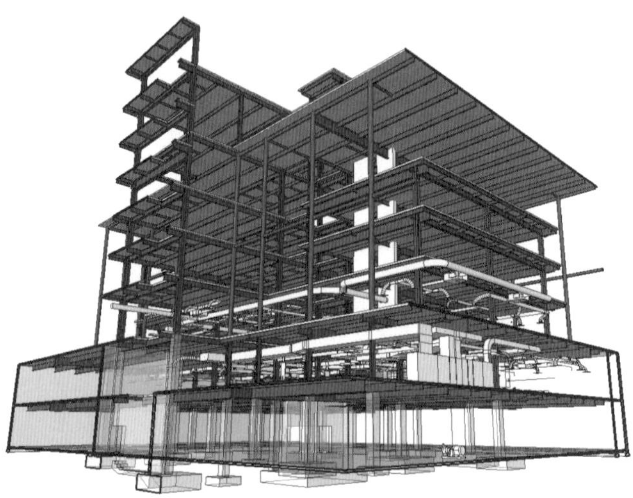

BIM에서, 구조와 설비만을 빼내서 표시한 예 (화상제공/Autodesk사)

3차원 건축 데이터베이스 BIM이 이룰 수 있는 역할과 가능성

◎ 인력이 하던 작업을 컴퓨터가 대체할 수 있다.

◎ 가시화에 따른 클라이언트와 설계자의 의사소통이 원활하게 이루어져 설계변경이 감소된다.

◎ 설계자와 제네콘, 서브콘과의 조기제휴가 가능하다.

◎ 실시간으로 수량 적산이 가능하다.

◎ 전자상거래 진행, 소규모 전문 메이커에도 기회가 찾아온다.

◎ 각종 시뮬레이션을 원활하게 실행할 수 있다.

◎ 정확도 높은 간섭체크가 가능하여 도면의 정확도도 높아지고 공기 단축을 꾀할 수 있다.

◎ 건축 인·허가신청 등의 정확도가 높아지고 신청기간이 단축된다.

◎ 개보수공사와 연차점검이 용이하게 된다.

력에 의지하여 실행하고 있는 간섭체크 등을 컴퓨터에 맡기는 것으로 보다 신속하고 정확한 체크를 완료하는 것이 가능하게 될 것이다.

또 초기에 설계도가 3차원화되면 클라이언트와 설계자의 의사소통이 원활하게 되고, CG와 영상을 통해 설계자는 클라이언트에게 보다 정확히 설계를 이해시킬 수 있고 그 결과, 설계 후반에서의 대폭적인 수정이 발생할 비율은 극도로 감소할 것이다. 3차원 정보를 기초로 가시화된 표현보다 클라이언트가 설계자와 같은 시점에서는 것이 가능하다는 의미는 크다.

또 설계정보가 3차원화되면 디지털화되는 것으로서 제네콘과 서브콘, 설계자의 제휴가 일찍부터 가능하다. 3차원화된 데이터에서는 실시간 부재수량 체크가 가능하고, 항상 시공 입장에서의 책임 있는 원가시험 계산을 파악하면서 프로젝트를 수행할 수 있다. 효과는 원가뿐만 아니라 제네콘이 가진 가설공사의 노하우를 수시로 설계에 도입하는 것도 가능하게 된다. 클라이언트로서는 여러 제네콘으로부터 의견을 듣게 되고, 지금까지는 사례가 적었던 가설공사의 노하우가 절대적으로 필요한 지하공사만을 다른 제네콘에 발주하는 등 경쟁력을 유발시킴으로써 적정한 원가를 끌어내는 기회를 늘릴 가능성도 있다.

3차원에 의한 설계와 시공의 검토가 정착되면 규모의 대소를 떠나 적절한 3차원 데이터를 공급할 수 있는 전문 메이커의 제품은 클라이언트와 설계자, 그리고 시공자에게 대폭적으로 받아들여질 것이다.

건축 비즈니스의 변혁

인터넷을 이용한 전자상거래가 진행되면 기술력과 제품력을 갖춘 중소 전문 메이커가 거대 전문 메이커에 대해 시장에서도 경쟁력을 가질 수 있다.

설계단계에서는 3차원화된 모델을 사용함으로써 환경관련 시뮬레이션과 법적으로 필요한 천공률과 일조 체크도 원활하게 실행할 수 있다. 일조도와 천공도에 관해서는 이미 기술했지만, 환경의 시대를 맞이하여 바람의 흐름과 온열환경의 시뮬레이션은 설계시 필수 검토사항이 되고 있다. 이러한 시뮬레이션도 3차원에서 실행하는 것이 상식화되고 있다.

3차원 종합도는 보다 완성도 높은 간섭체크를 가능하게 한다. 게다가 3차원 데이터에 의한 법규 신청이 실현된다면 심사에도 자동화 등을 포함시켜 간략화하면서 정확도를 높일 수 있고, 인적 자원에서 애로가 생기고 있는 현재의 상황도 심사의 일부 전산화에

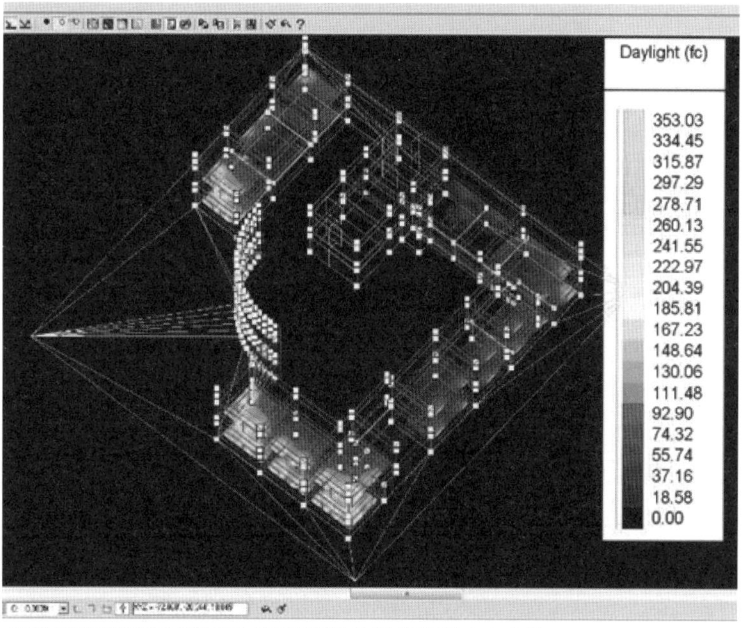

BIM을 이용한 자연광에 의한 조도 시뮬레이션의 예 (화상제공/Autodesk사)

의해 신청 속도를 대폭 상승시키는 것도 가능할 것이다.

또 건설 후에도 3차원 모델을 적절하게 보수해가는 것으로 하루하루의 시설관리를 쉽게 하고 개보수공사와 연차점검을 원활히 할 수 있게 될 것이다. 개보수공사가 증가해가고 있는 앞으로의 국내 프로젝트를 생각하면 매우 중요한 것이다. 이러한 여러 가지의 효과는 건축 프로젝트의 정확도를 현재보다 높이고 대폭적인 공기단축을 가능하게 할 것이다. 뿐만 아니라 현 상태의 클라이언트, 설계자, 시공자, 메이커가 그린 구도 자체를 다시 크게 그릴 수 있는 기회가 될 가능성도 있다.

이처럼 현재의 건축 비즈니스 정보를 조망해 보면 BIM을 받아들일 수 없는 이유는 전혀 발견되지 않는다. 오히려 BIM을 구세주로서 바라고 있는 것처럼 보인다. BIM은 설계자만의 문제가 아니라 건축 비즈니스에 관계되는 클라이언트, 설계자, 시공자, 서브콘, 전문메이커 등 모든 사람들에게 깊게 관련된 것이다.

제 2 장

BIM화의 배경과 도입 효과

지금까지의 건축설계

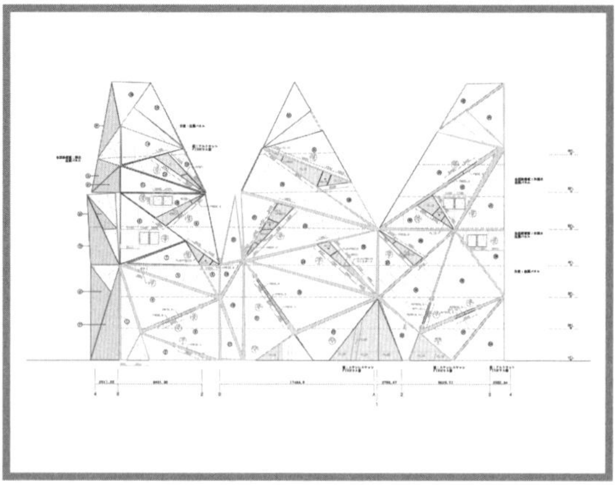

BIM에 의한 건축설계

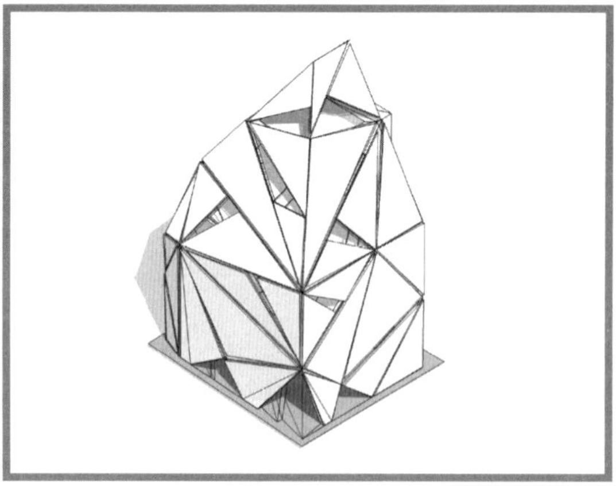

(진보초 시어터 빌딩 야마나시 토모히코+하도리 타츠야, 화상제공/닛켄설계)

도입에서는 일본 건축 비즈니스계가 안고 있는 문제의 아우트라인을 살펴보았다. 본 서의 주제인 BIM은 이 문제를 해결하고 일본의 건축 비즈니스를 크게 바꾸는 원동력이 되는 것이다. 여기서는 BIM 그 자체에 관해 설명하려 한다.

자동차업계에서 보는 3차원 설계로부터 생산에 미치는 변혁

동시공학(Concurrent Engineering)과 디지털 목업 (Digital Mock-Up)

자동차업계는 항상 건축 비즈니스계보다 몇 걸음 앞서 CAD의 모범을 보여 왔다. 건축에서의 BIM과 본격적인 IT이용의 향후를 예측하는데 있어서도 귀중한 선행, 실증 실험의 장으로서 배울 것이 많은 업계이다.

1960년대에 시작된 CAD의 역사와 함께 자동차업계에서는 2차원 CAD의 사용이 시작되었다. 2차원 CAD의 사용 동기는 당시까지 수작업으로 행해지고 있던 설계도 작성기간의 단축화였다. 디지털 데이터 때문에 수정의 용이함과 수작업에 비해 정확도가 높은 것이 도면제작 기간의 단축화로 이어진다고 생각했기 때문이다.

건축에서 2차원 CAD의 도입은 자동차업계에 약 20년 정도 뒤쳐졌지만 도입 동기는 거의 동일하다. 자동차업계의 3차원 CAD의 도입은 70년대에 시작되었고, 처음에는 자동차산업 특유의 금형설계에 사용되고 있었으나 70년대 후반부터는 자동차 차체의 설계

자동차업계에 있어서 동시공학 (CE)

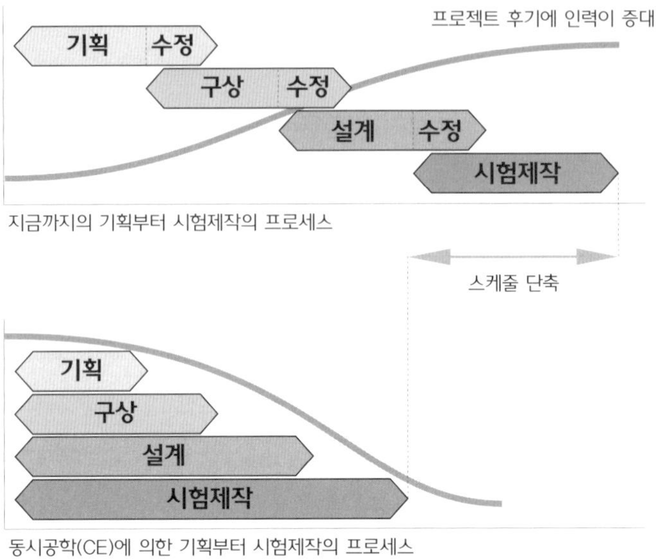

◎ 참가인력이 초기부터 동시 병행적인 협력체제를 취하는 것으로 개발 기간을 줄이는 방법이다.

◎ 프로세스 초기에는 인력이 필요하지만 개발 전체에 필요로 하는 인력은 감소 가능하다.

◎ 방향을 크게 좌우하는 개발 초기에 지혜를 모으기 때문에 수정을 최소로 억제할 수 있다.

자체가 3차원 CAD에 의해 이루어지게 되었다. 3차원화의 주된 목적은 신속한 모델 변경을 가능하게 하는 것이었다. 신속한 모델 변경이야말로 업계의 승자가 될 수 있는 최대의 단서였기 때문이다. 3차원 CAD의 도입 배경은 다음의 3가지로 집약할 수 있다.

- **납기** : 자동차의 라이프사이클 자체가 짧아졌기 때문에 그것을 보충하는 사이클에서 모델 변경의 필요성이 생겼다.

- **품질** : 설계기간이 짧아도 타사 제품에 뒤지지 않을 정확도와 강도의 확보가 필요했다.

- **원가** : 지금까지 업계가 하던 방법의 틀을 넘은 파격적인 원가절감을 실현시킬 필요성을 느끼게 되었다.

또 설계과정에서 모든 공정에 관계된 엔지니어가 설계정보를 공유함으로써 개발기간의 대폭적인 단축과 효율화를 꾀한다는 '동시공학(CE ; Concurrent Engineering)'[36] 개념의 도입도 꾀할 수 있다. 자동차업계의 설계부터 제조 과정에서의 특징적인 것은 목업(Mock-Up) 작성이다. 이것은 막대한 원가와 시간을 요하는 것이

36) ◎동시공학 (CE ; Concurrent Engineering)

Concurrent란 다른 움직임이 동시 병행적으로 작용한다는 의미. 발단은 미국 국방성의 병기조달에 관계된 연구에서 병기조달의 기간을 단축화를 꾀하기 위해 탄생한 개념. 개발부터 제조, 그리고 사용부터 폐기에 이르기까지 병기의 라이프사이클을 고려해서 상호 프로세스를 통합적인 동시에 동시진행으로 설계 시에 도입한 것으로 개발기간의 대폭적인 단축을 꾀하는 것이다. 지금은 LSI를 시작으로, 많은 공업제품 개발에 폭넓게 받아들여지고 있는 개념이고, 그 실천을 위한 구체적인 툴로서 CAD/CAE/PDM 등의 IT환경이 주어지고 있다. 본서의 주제인 BIM에서는 Integrated = 통합이라는 말이 거의 같은 개념을 건축에 도입시킴으로서 받아들일 수 있고, 제조업에서는 Collaboration = 공동작업이라는 말이 동시공학과 의미하는 바가 같다.

었지만, 3차원 CAD의 침투에 의해 '디지털 목업(DMU ; Digital Mock-Up)'[37]이 실현 가능하게 되었다. 디지털 정보이기 때문에 문제점이 있으면 설계를 즉시 수정하여 목업을 효율적으로 수정하는 것도 가능하다. 또 설계에 필요한 각종 시뮬레이션을 컴퓨터상에서 일괄적으로 하는 것이 가능하기 때문에 설계부터 제품개발까지의 사이클이 한층 더 단축시키면서 품질 향상을 꾀할 수 있게 되었다.

세계표준과 제휴

현재, 자동차의 설계과정은 거의 100% CAD화되어 거기에서의 전자 데이터는 생산과정과 직결하여 사용되고 있다. 그 결과 모델 변경에 요하는 기간은 절반이 되었다.

얼마 전, 세계 자동차업계의 패권 구도의 중심은 미국의 빅3 독점으로부터 일본, 그리고 유럽 자동차업계쪽으로 기우는 상황으로 양상이 바뀌어 왔다. IT화의 효과를 살린 생산성 향상은 한 기업에 가두는 것이 아니고 업계 전체의 공동작업으로 이어지는 것으로 보다 효과적인 실천이 가능하게 된다. 일본 자동차업계는 다른 산업의 시초가 되며 3차원 설계의 효과를 보다 강화하기 위한 데이터 표준화와 유통을 향한 업계의 반석 체제를 구축하고 있다. 일본자

37) ◎디지털 목업(DMU ; Digital Mock-Up)
설계시 형태정보가 디지털화되어 있으면 컴퓨터상의 가상공간 속에, 가상의 제품형태를 재현하는 것은 CG를 그리는 것 같은 것이며 이용이 쉽다. 자동차 등, 많은 공업제품의 개발 프로세스에서는 실물 크기의 형태 모형=목업을 제작하는 것은 필연이었으나, 여기서는 시간과 비용이 들고, 제품개발의 프로세스 속에서 난관이 되는 것이 많았다. 이것을 디지털화하는 것으로 생산프로세스의 단축과 대폭적인 원가 삭감을 겨냥한 것이 디지털 목업이다. 디지털 목업을 작성하는 소프트웨어는 단순히 형상을 재현하는 것만이 아니고, 생산과 조립 또는 그 스케줄 관리 까지를 일괄해서 실행할 수 있는 것이 등장하고 있다고 말한다. 본서의 테마인 BIM은 확실히 건축에서 디지털 목업이라고 말할 수 있다. BIM도 형상뿐만 아니라 부재의 조립이라는 시간축(4D)을 차지하거나, 설계시 뿐만 아니라 라이프사이클에서의 데이터 활용을 고려하고 있는 것도 디지털 목업과의 공통점이다. 현 상태는 BIM에 비해 DMU가 명백히 선행되고 있다. BIM을 추진함에 있어서는 DMU를 참고 해야할 점이 많은 것 같다고 생각된다.

동차공업회(JAMA)와 일본자동차부품공업회(JAPIA)가 중심이 되어 업계 표준과도 제휴를 맺고 있다. 업계가 하나가 되어 3차원 설계와 3차원 데이터의 표준화를 추진하고 있는 것이다.

이러한 움직임이 세계에서도 강세를 보이는 일본자동차업계 형성에 기여하고 있는 것이다. 혹시 향후에도 자동차업계가 건설업계의 나아가야 할 방향의 이정표가 된다면 자동차업계의 지금까지 노정의 관찰 · 분석은 건설업계의 내일을 예측함에 있어 필수불가결한 작업이라고 할 수 있을 것이다.

3차원 설계가 생산 프로세스를 크게 바꿈에 있어 관계가 깊은 예로서 자동차업계를 들었지만 IT화에 의한 설계생산 프로세스의 개혁은 결국 제조업에서도 발생하고 그것은 업계 내의 세력도에도 영향을 끼친다. 지금, 제조업계에서 시작되고 있는 변혁의 특징은 1개의 제품 개발이라는 프로젝트에서

- 공통의 득실을 가진 관계자가
- 기업이라는 틀을 넘어서 모여
- IT를 플랫폼으로 정보를 공유해서
- 효율적인 제품 개발을 실시하고, 고품질의 제품을 시장에 보내주고, 그것에 의해 서로 비즈니스를 성공시킨다는 도식이다.

건축 비즈니스계에 있어서 정보화

Building Information Model

전자정보화 CALS/EC와 현 상태

1985년, 미국 국방부는 방위 시스템과 병기의 고도화, 복잡화에 의해 원가가 늘어나는 한편 신속한 대응을 할 수 없던 후방지원과

건축 비즈니스계에서 정보화의 계보

CALS가 탄생

↓

건설 CALS 정비 기본 구상

↓

CALS/EC로 명칭이 변해
정보의 전자화, 통신네트워크의 이용,
정보의 공유화가 3가지 주된 것이다.

↓

국제조직 IAI가 설립되어
IFC에 의한 3차원을 베이스로 한
데이터 상호 이용의 추진을 개시
(IAI와 IFC에 관해서는 70페이지 참조)

↓

BIM의 탄생

물자조달에 IT화를 도입하는 것으로 시대에 걸맞은 전자정보 시스템 구축을 겨냥했다. 이것이 CALS이다. 1992년에는 이 CALS의 추진 모체가 상무성으로 옮겨져 자재 조달에 관계된 IT에 의한 합리화 방법이 민간기업에도 도입되기 시작했다. 이 움직임을 자동차업계가 가장 빨리 받아들였고, 자동차의 생산과 부품조달에 전자정보를 통일하여 상호 이용을 원활히 꾀할 수 있도록 하려는 움직임이 나타나 자동차업계에서도 CALS가 시작되었다. 시대적으로 앞에서 소개한 3차원 설계 도입과도 겹쳐져 여기서 CALS와 3차원 설계가 만나게 된다. 자동차업계에서 CALS를 진행시키기 위한 기본적인 기술은 다음의 3가지 표준화로 집약할 수 있을 것이다.

첫 번째는 제품과 부품 정보를 기술하는 형식을 표준화하려는 움직임으로 이것은 STEP(STandard for Exchange of Product model data)이라고 불리고 있다.

두 번째는 서류를 유통시키기 위한 표준화로 오늘날 인터넷에 있어 HTML[38](Hyper Text Markup Language)로 연결되는 것이었다.

세 번째 표준화는 EDI(Electronic Data Interchange)로 다른 기업 간 상거래를 실시할 때의 메시지를 통신회선 등을 이용하여 교환하기 위한 것이었다. 건설업계는 이 자동차업계의 CALS의 움직임을 받아들이게 되었다. 1997년에는 당시의 건설성이 주체가 되어 '건설 CALS 정비 기본구상'이 입안되어 관 주도로 CALS가 추진되었다. 현재는 CALS/EC[39] 라고 불린다.

---

38) ◎HTML

우리들이 매일 사용하고 있는 인터넷상의 웹사이트를 기술하고 있는 언어가 이 HTML이다. 한 개의 문장에서 다른 문장으로 옮기기 위한 하이퍼링크와 도표 등을 표현 할 수 있는 능력을 갖춘 언어이기도 하다.

39) ◎CALS/EC

EC는 전자 상거래를 의미하고 있다. CALS/EC의 자세한 내용에 관해서는 아래에 기술한 사이트가 자세하다. JACIC CALS/EC 부회「CALS/EC 포털 사이트」http://www.cals.jacic.or.jp/calsec/

- 정보의 전자화
- 통신 네트워크의 이용
- 정보의 공유화

이를 3개의 주요골자로 관청의 토목공사를 주체로 한 활동이 추진되고 있다.

제기능을 못한 CALS/EC

CALS/EC의 흐름이 모두 잘 되고 있는 것은 아니다. 토목에서는 CALS/EC의 흐름을 탄 전자입찰과 전자납품이 실행되고 있지만, 건축 분야에서의 상황은 원활하지 않다. 인터넷상의 메일교환과 제품 소개, 웹상에서의 액세스, 도면 등의 교환은 최근 일반화되었지만 이것을 CALS/EC도입에 의한 효과라고 자리매김하기에는 무리가 있을 것이다.

민간공사의 건축 비즈니스계에서는 CALS/EC의 흐름을 받아들인 움직임은 거의 볼 수 없고, 건축 비즈니스 관계자의 상당수는 CALS/EC가 무엇인지를 이해하지 못하고 있는 실정이다.

이러한 상황은 일본에 국한되지 않는다. 수년 전까지는 세계의 건축 비즈니스계가 CALS를 추구하고 있었지만, 지금은 인터넷 검색엔진에 CALS와 Building으로 조합한 검색결과 수를 BIM과 Building으로 조합한 검색 결과수가 이미 초월했다.

여기에는 여러 가지 이유를 생각할 수 있다. '이념을 실현할 수 있는 소프트웨어가 생기지 않는다' 든지, '실천할 수 있는 시기에 맞는 건축 분야의 관청공사가 감소하는 경향이 있었다' 든지 여러 가지 의견이 나오고 있다.

CALS/EC가 보급되지 않았던 원인

CALS/EC가 보급으로 이어지지 않은 원인을 크게 4가지로 집약할 수 있다.

첫 번째는 CALS/EC를 실천할 무렵 데이터 교환과 상호이용 등 CALS/EC를 뒷받침할 이론적 측면을 너무 중시한 나머지 데이터 구조와 개념 정의의 엄격화 측면만을 추구한 것, 따라서 실제 설계자와 건설자의 IT능력을 뛰어넘는 포맷과 룰의 논의만 전개되어서 설계자와 시공자가 길들여지지 않는 번거로운 규칙이 되고 말았다.

두 번째로, CALS/EC에 의해 누구의 부담이 증가해서 누가 이익을 얻을까?라는 문제이다. 건축정보를 디지털화하면 건설업계 전체 비즈니스를 효율화하는데 매우 유효하겠지만 맨 처음 디지털화를 추진해야 하는 초기 설계자에게 과도한 부담을 강요하게 된다. 이러한 부담이 증가하고 담보가 보이지 않는 설계자가 CALS/EC에 다가설 리 없다.

세 번째는 이상을 너무 추구한 나머지 '실천'을 뒤로 미루게 되어 실무에서부터 괴리에 빠지게 된다.

일본에서는 설계자와 시공자의 99%가 중소기업이라고 한다. 메일과 2차원 CAD 등, 비용 대비 효과에 비추어 유효한 것은 CALS/EC로 강요하지 않아도 받아들여진다. 그러나 중소기업으로서는 CALS/EC의 이상적인 환경을 실현하기 위해 설비 투자와 교육에 필요한 비용을 끌어내는 것은 어렵다. CALS/EC가 업계전체의 효과는 보였지만, 개개의 설계자와 시공자가 효과를 보기 힘들었기 때문에 동기 부여가 높아지지 않았을 것이다.

네 번째는 CALS/EC가 2차원 설계를 전제로 하고 있었던 점이다. CALS/EC는 당초 2차원 형상정보+건축정보라는 전통적인 건축도면을 디지털로 옮겨놓은 것을 염두에 두고 추진되고 있었다. 그런 정보를 정확히 다루려고 할수록 3차원 형상정보가 필요하게 되는 것은 필연이고, 2차원으로 고집하는 순간 이상이 현실로부터 괴리되는 것이다.

물론, CALS/EC쪽에서도 이것은 이해하고 있고, 현재는 급속히 3차원에 가까워지고 있다. 따라서 가까운 장래에는 BIM과 CALS/EC는 통합 혹은 흡수될 것이다. 건축은 이상만으로는 추진할 수 없는 실학이다. 실제로 적용하여 발견된 정의를 함께 사용하고, 가능한 곳에서부터 실천할 필요가 있다. 또 실천에 걸맞은 효과를 참가자에게 돌려 줄 수 없는 한 새로운 구조는 받아들여질 수 없다. 이 사실을 건축 비즈니스계는 CALS/EC에서 경험했다고 말할 수 있는 것이 아닐까?

자동차업계의 부품 제조자, 외부 설계자, 전문메이커, 판매 네트워크가 '좋은 차를 만들고, 그것을 판다' 라는 프로젝트에 의해 이해관계가 일치하는 운명공동체라고도 할 수 있는 구도가 완성되어 가고 있는 것에 대해서 건설업계는 차이가 있었을 것이다. 업계를 프로젝트와 연결하여 공통의 이해관계로 맺은 구조개혁과 IT화는 표리일체의 것으로서 추진되는 것이 필수불가결한 것이다. 즉 건설업계가 안고 있는 저수익구조를 개혁할 수 있는 IT혁명이 아니면 받아들일 수 없는 것이다.

데이터 표준화를 진행하는 IAI와 IFC

CALS의 시도 전부가 무효로 돌아갔다는 것은 아니다. 건물의 부재가 가진 정보를 디지털화하여 네트워크상에서의 거래와 종합적인 이용을 하는 것으로 건축 비즈니스 환경을 IT시대에 어울리게 개혁하려는 이념은 이들 건축정보를 3차원 데이터와 일체로 취급하는 흐름으로 이어졌다.

이러한 흐름을 만든 국제조직 IAI[40]는 1995년에 탄생했다. IAI란 'International Alliance for Interoperability = 건축업계에 있어서 데이터 상호이용을 위한 국제조직' 이다. 건물의 라이프사이클을 통해서 건물의 전자 데이터를 효과적으로 사용하기 위한 '데이터 표준화' 를 진행하는 단체이고 미국에서 설립되었다.

IAI가 건축 데이터를 상호이용 가능하도록 하기 위한 구체적인 수단으로서 검토 · 추진하고 있는 것이 'IFC'[41]라는 전자 데이터의 계약이다. IFC란, 'Industry Foundation Classes' 의 약어이지만 이것만으로는 좀처럼 의미를 알기가 쉽지 않다.

IFC를 나름대로 해석하면

- 건물의 3차원 디지털 데이터(이것은 기하학적인 형태로 밖에 표현할 수 없다)에
- 예를 들면 문과 창문이라는 건물을 구성하는 부품과 마감과 가격 등, 건물의 설계와 시공, 유지관리에 관계된 정보를 입력할 때의 규칙과
- 그 규칙을 실현하기 위한 데이터구조이다. 즉 BIM을 위한 세계공통언어로서 기능하는 것이다. IFC의 구조를 공개하여 많은 CAD가 그 형식을 받아들인다면 다른 CAD 사이에서도 데이터를 이에 맞게 변환하여 공유할 수 있다. 또 IFC는 단순한 형상 데이터가 아니므로 문의 수량을 세거나 적산하는 것도 가능하다. 구조체와 공조덕트의 차이도 인식할 수 있기 때문에 그것들이 서로 간섭하고 있으면 디지털 정보로서 체크하여

---

40) ◎IAI와 IFC

IAI의 자세한 내용에 관해서는 아래에 기술한 사이트가 보다 자세하다. IAI 일본, http://www.iai-japan.jp/

41) ◎IAI와 Building SMART

IAI라는 단체명은 건축과 너무 많이 떨어져 있어서 무언과 확 와 닿지 않는 느낌이 있는 것은 나만이 아닐 것이다. 최근에는 직접적으로 건축을 이미지 할 수 있는 Building SMART라는 별명을 전면에 내세워 IAI활동을 계속하고 있는 경향이 보이기 시작했다. BIM은 건축 정보 모델이라는 문자대로 번역 되고 있는 경우가 많으나 본서에서는 BIM으로 원어대로 사용하고 있다.

리스트업하는 것도 가능하다.

건물 준공 후에도 개보수 등의 공사정보를 적절히 갱신해 두면 건물의 차트도 되고 유지관리상에서도 쉽게 된다. 그리고 무엇보다 설계시점에서의 건축, 구조, 설비 모두의 정보를 IFC로 변환하여 컴퓨터상의 가상공간에서 재구축한다면 실제 건물의 3차원 디지털 모델을 구축하는 것이 가능하다.

확실히 이 IFC를 사용한 3차원 디지털 모델이야말로 BIM(= Building Information Model)인 것이다. CALS의 영향은 IFC의 개발로 이어져 BIM을 실현하는 기초가 되는 기술로 다시 태어난 것이다.

BIM의 특징

BIM의 구체적인 기능

그리고 마침내 BIM이 등장한다.

건축물의 3차원 디지털 데이터를 기반으로 거기에 건축물의 기획, 설계, 건설, 유지관리 등에 관계된 여러 정보를 통합한 이른바, 건축물의 데이터베이스이다. 여기서는 보다 구체적인 실례를 가리키며 BIM이란 무엇인가 살펴보자.

예로, 창문을 생각해 보자. 다음의 그림은 창문의 3차원 정보를 컴퓨터에서 구축하여 시각화한 것이다. 가장 기초적인 것은 좌표에서 표현된 창문의 형상 데이터이다. 이것은 3차원 수치 데이터이기 때문에 가로, 세로, 높이의 치수를 알아도, 실제로 이 수치 데이터만으로 창문인지 아닌지 결정되지는 않는다. 그러므로 이 3차원 수

창문의 형상 그림

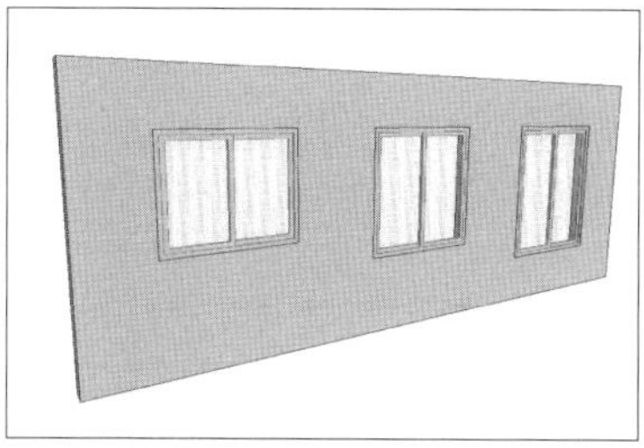

창문의 정보 모델 그림(형상+그외의 건축정보)

치 데이터에 더하여 이 수치의 모임이 '창문이다' 라고 정의를 덧붙이는 것이 필요하다.

또한 표면의 소재는 나무로서 수종은 메이플이고, 표면에는 어떤 도장이 있고, 유리는 A사의 제품이다. 이것들의 총체로서 창 전체는 B사의 C라는 제품이고, 형태번호는 D, 가격은 얼마이다 등 건축공사를 실시하는데 있어서 필요한 정보가 입력되고 있다면 인

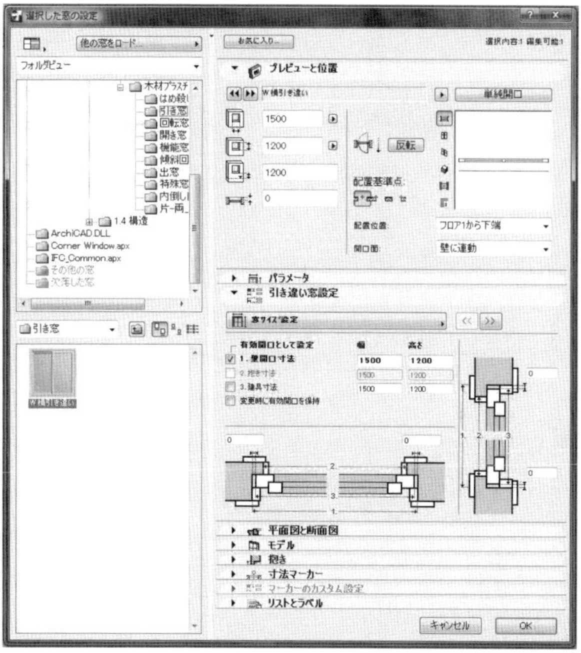

창문의 정보 모델 그림(창틀 주변의 상세 형상과 소재정보 등을 표시한 예 ArchiCAD)

터넷에서 실세가격을 조사하거나 그것들을 구축함으로써 견적을 자동적으로 작성하거나 실제로 전자상거래를 하는 것이 가능하게 된다. 창뿐만 아니라 문과 기둥, 벽 등 건물에 필요한 온갖 부품에 관해서 정보를 축적하여 3차원 공간에 형상과 거기에 부속되는 여러 가지 건축생산 정보의 총체를 조립하는 것이 BIM이다.

BIM이 통합하는 건축정보

IFC를 예로서, BIM이 가질 수 있는 건축 정보는 어떤 것이 있는지 살펴보자. IFC는 다음과 같은 주요한 정보를 가지고 있다.

① 형상의 정보

2차원, 3차원 형상의 정보와 내 · 외부의 관계 정보

② 건물의 요소

문, 벽, 창, 기둥 등 건물을 직접 구성하는 요소의 정보

③ 건물 요소의 관계

벽과 개구부와 창 등, 요소 상호의 관계를 가리키는 정보

④ 기기

냉동기, 공조기, 펌프 등의 기기 정보

⑤ 원가

가격과 단가 등의 정보

⑥ 보수 이력

보수의 경력에 관한 정보

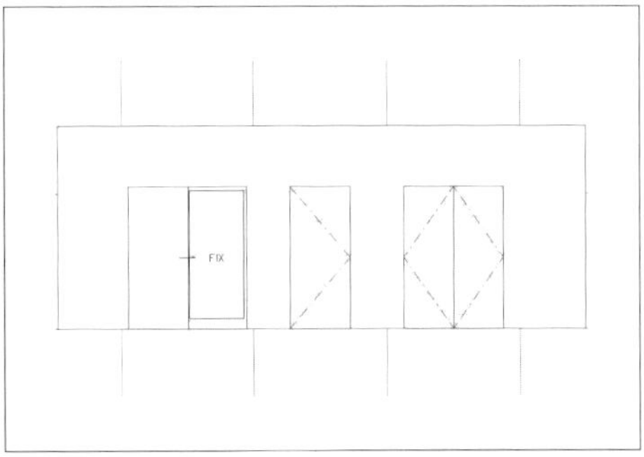

2차원 도면의 문표현(전개도)

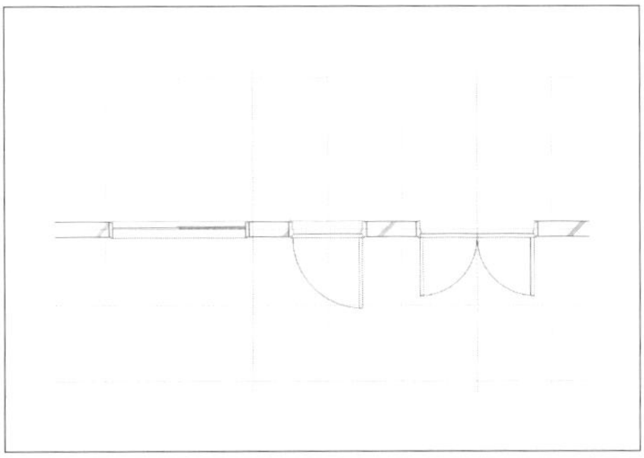

2차원 도면의 문표현(평면도)

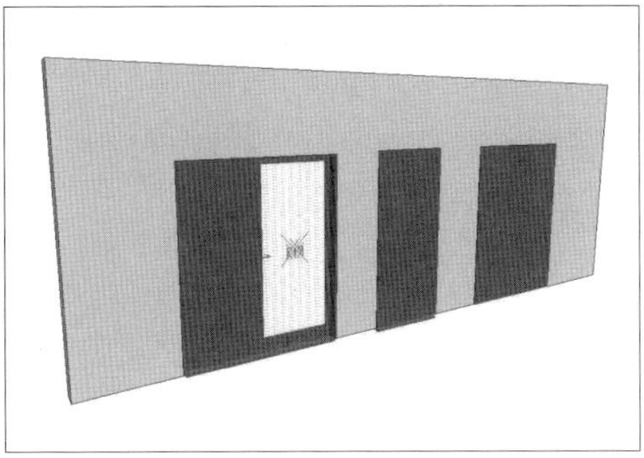

3차원 도면의 문표현

물론 이외에도 여러 가지 정보를 보유하는 것도 가능하다. 또 형상이 3차원 정보로 되어 있는 것이 특징이다. 지금까지는 건축의 설계와 시공은 2차원의 이른바 '설계도'로 실행되어 왔다. 본래 3차원인 건물을 2차원으로 표현하기 때문에 표현이 애매하게 되거나 실제로는 3차원으로 성립되지 않는 등의 모순과 실수가 발생하는 것이다. 그런데 BIM에서는 형상 정보가 3차원이기 때문에 실제 건축물과의 사이에서 발생하는 오차는 현격히 줄어든다. 평면도에 기재된 문은 평면도를 이해할 수 있는 사람밖에 알 수 없고, 상세하게 알기 위해서는 창호도를 보고 문 크기와 소재를 이해해야 하지만 BIM이라면 같은 정보를 한눈에 파악할 수 있다.

이것만 보면 CG, 투시도와 같지만 차이가 나는 것은 BIM에서는 3차원 형상정보 외에 가격 등의 정보도 함께 가지고 있다는 점이다.

예를 들면 2차원 설계도에서 문에 정의를 부여한 경우에는 평면도 내에 문과 열리는 방향을 기입한다. 그리고 나서 창호도에 문 치수와 마감 등의 상세한 사양을 기술한다. 또한 예산서에 그 물품을 리스트업 해두고 마지막에는 견적을 가져와 실세가격을 확인하고 기재하는 잡다한 작업들이 필요하다. 각각의 작업 사이에는 설령

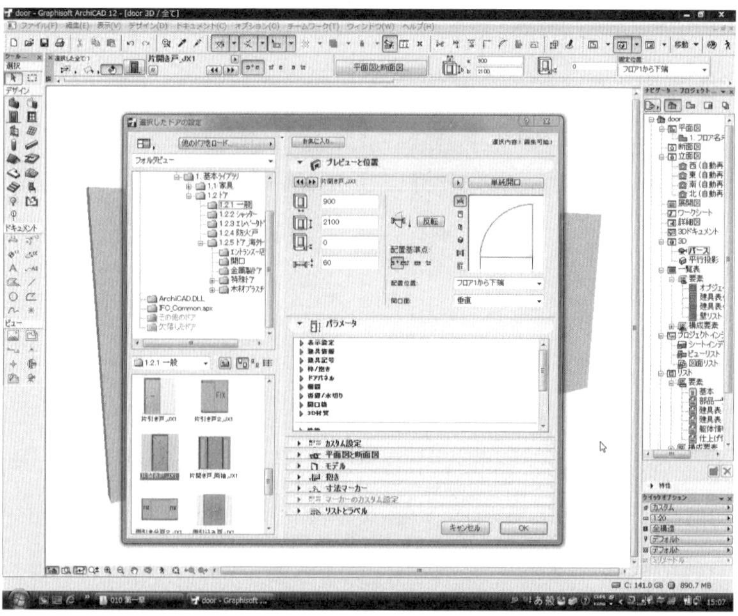

BIM 소프트웨어 상에서 창호의 여러 정보를 편집하고 있는 모습(ArchiCAD)

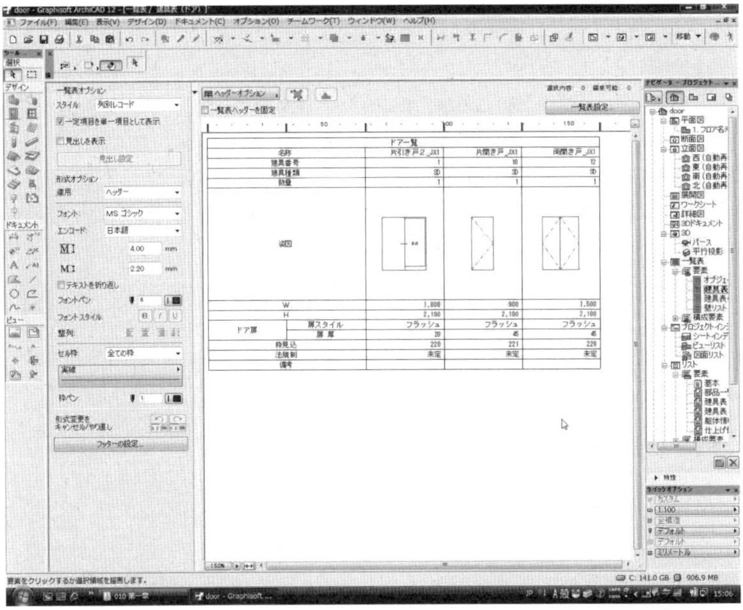

BIM에 의해 자동작성된 창호도의 예. 창호의 정보를 3차원 도면에 입력한 순간 창호도는 완성되고, 수량도 자동적으로 산출된다. 평면도, 전개도, 창호도 등도 동일한 BIM으로부터 자동작성되기 때문에 도면상호 간에 모순은 없다. (ArchiCAD)

여러 사람이 관련되어도 시간차가 발생하게 된다.

BIM이라면, 마음에 드는 문을 선택하여 3차원 모델 속에 넣으면 나중에 자동적으로 평면도에 열리는 방향을 기입할 수 있고, 창호도도 자동적으로 작성되고, 예산서도 거의 동시에 작성되며, 인터넷을 통해 실세가격도 조사되어 옮겨 적어진다. 설계한 순간에, 부대작업이 거의 동시에 완료되는 것이다. 설계의 정확도가 2차원 도면을 사용하고 있는 경우에 비교한 결과 제도 작업시간을 현저히 단축시킬 수 있다는 것은 분명하다.

3차원 정보를 활용한 시뮬레이션

환경을 중요시하는 시대를 맞이하여 건설업계도 설계시점부터

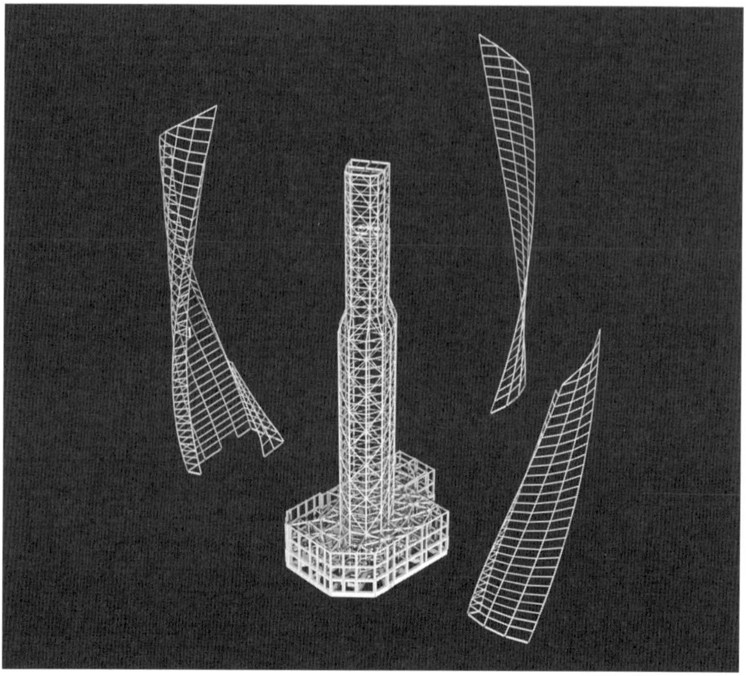

초고층 빌딩의 3차원 구조 모델(화상제공/닛켄셀계)

환경성능의 향상을 목표로 바람과 온열, 소리 등 여러 가지 조건의 시뮬레이션을 실시하는 경우가 많아지고 있다. 대부분의 시뮬레이션은 컴퓨터 내에서 건물의 3차원 모델을 구축하여 실시하는 것이 많다. BIM으로 설계하면 그 3차원 정보를 이용하여 시뮬레이션을 보다 문제 없이 시행할 수 있다.

초고층 건축의 구조 설계는 원래 3차원으로 그 강도 해석을 실행하고 있기 때문에 BIM화가 가장 용이한 분야일지도 모른다. 건축에 관계된 법률의 일부도 어느새 건축 데이터의 3차원화와 컴퓨터를 이용한 시뮬레이션을 전제로 한 것으로 되어 있다. (41페이지 참조). BIM을 사용해서 가까운 미래에는 실시간으로 천공도 체크를 실시하면서 설계를 진행하는 것이 가능하게 될 것임에 틀림이 없다.

설계자에 대한 효과와 동시에 설계한 내용은 가시화되기 때문에 전문가가 아닌 클라이언트에게도 설계자가 생각하고 있는 것을 쉽게 전달하는 것이 가능하다. 이것이 BIM을 사용한 설계상의 효과이다.

3차원에서 간섭을 체크할 수 있다.

설계단계만이 아니다. 실제 건축 현장에서는 2차원으로 표현된 설계도를 종합도라고 하는 도면을 작성하면서 한 데 모아가는 작업이 매우 중요하여 동시에 큰 작업비중을 차지하는 것에 관해서는 이미 기술한 대로이다. 그러나 건축, 구조, 설비의 설계도가 각각 BIM으로 만들어져 있으면 그것들의 도면을 중첩시키는 것만으로

BIM에 의한 3차원 종합도의 예(image courtesy of Thomson, Ventulett, Stainback & ssociates, Turner Construction)

4D의 예(image courtesy of Thomson, Ventulett, Stainback & Associates, Turner Construction)

도 종합도는 쉽게 작성이 가능하다. 즉 BIM 자체가 건축, 구조, 설비의 설계내용이 겹쳐지는 것을 전제로 하고 있기 때문에 BIM=입체 종합도라고 하는 편이 맞다.

BIM 속에서는 항상 건축, 구조, 설비가 3차원에서 중첩되고 있으므로 조명과 공조의 취출구가 부딪히고 덕트와 보가 부딪히고 있는 등, 도면상의 모순 이른바, 간섭을 3차원에서 체크하는 것으로 극히 쉽게 알 수 있다. 그것도 단순한 형상 데이터가 아니라 각각의 데이터가 천장이거나, 보이거나, 조명이거나 등 정보를 가지고 있기 때문에 컴퓨터가 인간을 대신하여 간섭하고 있는 개소를 찾아내어 리스트업하는 것도 가능하다.

실제로 건축하기 전에 3차원으로 시뮬레이션할 수 있다는 것은 시공자로서는 매우 좋은 것이다. 현재에도 오피스 빌딩 등 대형 공사현장에서는 건설에 앞서 '목업(Mock-Up)' 이라는 견본 모형을 만든다. 아파트와 호텔의 경우 내장의 실제치수 모형인 '모델룸' 을 만들기도 한다.

오피스 빌딩의 코어, 화장실 등 여러 층에서 시공이 되풀이되는 부분을 '코어선행공법' 을 통해 실제 현장 안에 선행하여 시공하는 경우도 있다. 이에 의해 의장상의 견본, 설비와 구조와의 상세한 마무리, 시공성 등을 체크하는 것이 매우 유효한 방법이지만 많은 원가가 드는 단점이 있다.

이것도 BIM을 사용하면 디지털 목업의 건축을 실현할 수 있다. 단, 구축하는 것만이 아니라 시공의 공정에 따라 부재를 구축하는 순서도 검토할 수 있다.

BIM의 장점과 특징

BIM의 장점과 특징을, 도식화해보면 다음 페이지의 그래프와 같이 된다. 이 그래프에 따라 BIM도입에 의한 효과를 생각해보자. 세로축은 프로젝트 각각의 단계에서 작업량을 가리키고 가로축은 시간축으로 건물의 기획부터 설계, 종합도의 제작에 이르는 과정을 가리키고 있다.

그래프를 보면 작업 피크의 위치가 BIM 도입 이전에는 실시설계 단계에 있었던 것이지만(회색 실선) BIM 도입 이후는 기본설계 단계로 앞당겨져 있는 것을 알 수 있다(검은 실선). 즉 BIM을 도입하면 설계를 3차원으로 실시하기 때문에 설계 프로세스 전반기의 작업량이 증가한다. 그러나 이 단계에서 세부적으로 정합성이 잡힌 설계를 마치면 이후의 실시설계와 시공단계에서 종합도를 모으는 작업에서 설계변경하는 것이 감소하고 프로젝트 전체에서 성력화가 가능하게 된다.

실시설계도와 종합도의 제작이 단축되면 입찰과 실질적인 착공

BIM에 의한 설계 프로세스와 BIM 도입 이전과의 비교

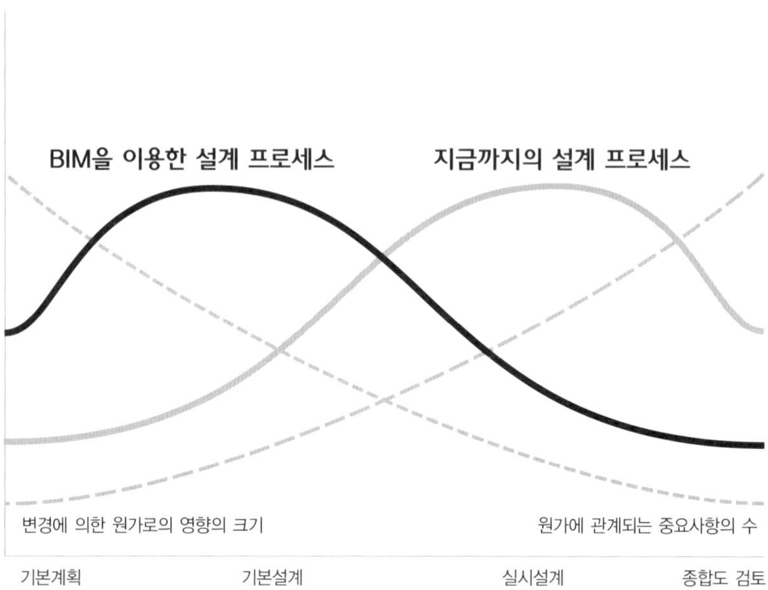

◎ 3차원화에 의해 설계작업 시간이 앞당겨져 최고점이 설계작업의 전반에 나타난다.

◎ 설계 전반에 3차원화에 의해 정합성을 취한 설계를 실시하기 때문에 설계의 후반 단계에서의 작업이 감소한다.

◎ 원가의 영향이 큰 설계 전반에 작업을 집중하는 것이 수정이 적은 원가 컨트롤이 가능하게 되어 수정이 감소한다.

◎ 3차원화에 의해 설계단독에서는 작업량이 증가하지만 시공을 포함한 프로젝트 전반의 작업량은 감소한다.

도 앞당겨져 준공까지 그에 따라 앞당겨진다. 즉 건설 프로젝트 전체 스케줄의 단축화를 꾀하는 것이 가능한 것이다. 프로젝트 초기에 인력을 투입하는 의미는 그 밖에도 있다. 일반적으로 프로젝트 초기에 결정하는 건물의 배치와 대략적인 외형이라는 것은 원가상 매우 영향력이 큰 요소이다(회색 점선). 이것은 자동차산업에서 동시공학의 사고방식과 유사하다. 원가를 좌우하는 요인이 설계 프로세스 초기에 있을수록 큰 영향력을 가지고 있다면, 설계 초기에 인력을 투입하는 것이 더 의미있다.

이에 더해 설계변경에 의한 추가작업량은 당연한 것이지만 설계 후반으로 갈수록 늘어나게 된다. 설계변경에 의한 추가작업의 증가를 막기 위해서도 설계의 전반에 밀도 높은 검토를 실행하는 의미가 크다(회색 파선).

라이프사이클에서의 원가 억제 효과

준공시 여러 검사(성능검증) 결과를 BIM에 짜 넣는 것에 따라 건설 후의 라이프사이클 지원이 적절히 이루어지고, 원가 억제 효과가 있는 빌딩 운용이 가능하게 된다. 일본에서는 이들 검사의 일부는 설계감리업무 및 시공자의 완성검사 전에 스스로 검사함으로써 짜넣고 있다. 그러나 미국에서는 설계감리와 시공, 준공시의 여러 검사를 별도의 업무로 여기고 중요시하는 방향으로 흐르고 있으며, 성능검증이라고 부르고 있다.

성능검증이란, 발주자와 설계자의 요구와 의도에 따라 건물이 시공되고 있는지 여부를 확인하고 문제가 있으면 수정하는 프로세스로 각종 점검과 성능시험 등을 실시하는 것을 가리킨다. 적절한 성능검증은 이후의 빌딩 운용을 원활하게 하지만 BIM에는 그것을

BIM에 의해 기본설계에서 준공된 건물

기본계획 단계에서 3차원적인 이미지와 구조체가 정합성이 취해진 상태로 확고하게 되어 있기 때문에 준공까지 수정이 거의 생기지 않는다.

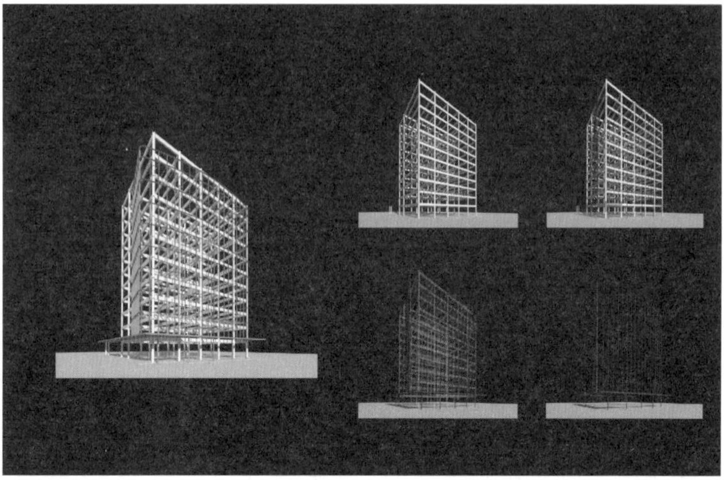

파사드 디자인 & BIM의 작성
야마나시 토모히코+타카하시 히데미치
+하라이 유우스케/닛켄설계

키타미 신용금고 본점
설계 : 도 닛켄 세이와 케에테
쿠시하시 종합기업체

보다 완전한 방향으로 추진하는 힘이 있다. 대표적인 것은 공조와 엘리베이터 등 기계설비의 성능검증이지만 현장에서의 사소한 하자 발생도 성능검증으로 평가된다.

성능검증의 최종결과를 BIM에 반영하고, 정보를 업데이트하는 것으로 BIM이 건물 정보를 축적하는 데이터베이스로서 라이프사이클 지원에 유용하게 쓰는 것이 가능한 이유이다.

지금까지 소개한 BIM의 특징을 조목별로 정리하면 다음과 같다.

- BIM의 도입에 의해 건축 디자인 과정 전반으로 작업의 피크가 앞당겨져 생긴다.
- 피크는 앞당겨지지만 정합성 높은 디자인이 되고 실시설계도, 그리고 종합도와 시공도 등 건설용 도면 작성시간이 단축되고 건설 프로젝트 스케줄 전체 작업량이 감소한다.
- 건설 프로젝트에서 필요로 하는 전체 작업량이 감소하기 때문에 프로젝트 수행시 필요로 하는 비용이나 기간도 감소된다.
- 또한, BIM의 3차원 정보를 정확히 운용하는 것으로 건물의 라이프사이클 지원을 개선하고 빌딩의 운용 원가에 관해서도 효과적으로 삭감할 수 있다.

이처럼 프로젝트 전반을 조망해 보면 BIM의 도입은 명백히 큰 효과를 가져오는 것을 알 수 있다.

제 3 장

BIM의 정의와 활용 프로세스

클라이언트 · 설계자 · 시공자의 새로운 관계

이해관계자의 협력체제

BIM의 효과를 활용하기 위해서는 설계 초기 단계부터 클라이언트와 시공자 등 프로젝트에 공통의 이해관계를 가진 관계자를 적극적으로 끌어들여 각각이 가진 노하우를 받아들일 필요가 있다.

지금까지 클라이언트는 설계자와 계약을 맺고 설계도서를 완성시킨 후 입찰 등에 의해 시공자를 선정하고 계약을 맺는다는 순서가 일반적이었다. 그러나 프로젝트를 원활히 진행시키기 위해서는 설계 초기 단계부터 시공자와 전문메이커가 가진 노하우를 적절히 설계에 반영하고 설계완료 후 시공시점에서부터 문제를 일으킬 가능성이 있는 것들을 없앨 필요가 있다. 이 시공자와 전문메이커의 노하우를 설계 초기 단계에서 받아들이는 방법을 Integrated Project Delivery(IPD)라 하고 BIM과 함께 현재 미국 건축 비즈니스업계에 큰 바람을 일으키고 있는 사고방식이다.

미국에서 이 IPD를 진행함에 지침이 되는 'Integrated Project Delivery Guide' 에 의하면,

- 클라이언트, 설계자, 그리고 시공자는 각각이 독립된 존재이면서
- 프로젝트에 관계된 계약, 수익, 역할분담, 그리고 책임체제 등을 투명화해서
- 3자가 공통의 이해관계를 기초로 포괄적인 합의를 형성하여 일을 진행하는 것이 바람직하다고 되어 있다.

클라이언트, 설계자, 시공자가 지금까지 법적 구속에 의한 책임

IPD가 구축하는 새로운 설계체제

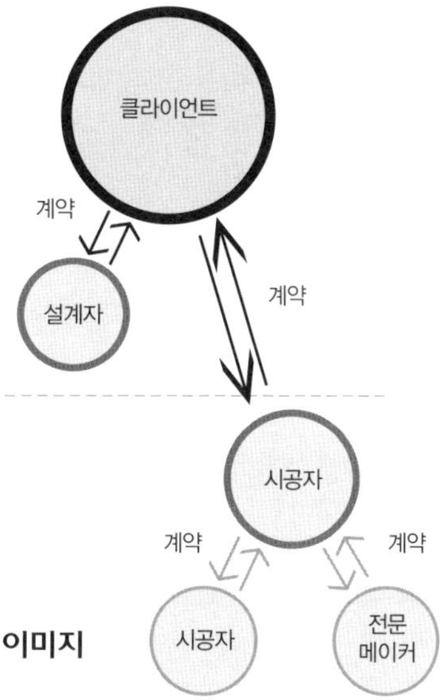

○지금까지의 설계체제 이미지

○IPD의 클라이언트, 설계자, 시공자가 하나가 된 새로운 설계체제의 이미지

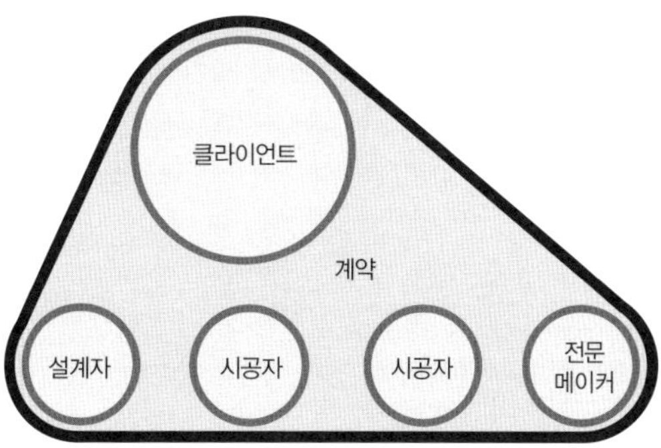

범위를 변경하지 않고 프로젝트를 추진함에 있어서 새로운 협력체제를 만들고자 하는 시도라고 말해도 좋을 것이다.

IPD[42]의 사고방식은 미국에서 출현한 설계 초기 단계부터 클라이언트와 설계자, 시공자의 협력체제를 구축하려고 하는 사고방식으로 그 정보교환을 위한 필수불가결한 툴로서 BIM이 자리매김하고 있다.

BIM의 일본으로 도입

IPD의 사고방식은 일본에 도입되고 있다. 일본건축가협회(JIA)[43] 회장(당시), 센다 미츠루 동경공업대학 명예교수가 2008년 4월에 '건축정보모델(BIM)에 의한 가상 설계 · 시공 · 관리' 라는 제목을 붙인 기조연설에서 AIA(미국건축가협회)가 건축가의 직능단체로서 새로운 직능을 재구축하기 위한 전략적인 키워드를 'BIM' 과 'IPD' 라고 하고 있다는 것을 채택하여 소개했다.

- 일본에서 건축가가 '종합 환경 통괄자' 로서 건축의 기획, 조사, 설계, 공사감리, 운영검정 등 통합의 중심으로서 활동해야 하고
- 건축가는 '환경가치 창조자' 로서 문화, 예술, 기술 등 통합의 요점이 되는 것이 JIA의 기본적 기능 확립 전략으로 기술되었다.

42) ◎IPD에서 BIM의 자리매김
미국 AIA가 작성한 IPD실천을 위한 매뉴얼에 있는 「Integrated Project Delivery」에는 「BIM은 IPD의 추진에 필수불가결한 중요한 툴」이라는 것이 기록되어 있다.

43) ◎일본건축가협회(JIA)
JIA는 The Japan Institute of Architects의 약어로, 건축가의 직능단체로서 1987년에 설립되었다. 해외 여러 나라에 있는 건축가의 직능단체와 같은 성격을 가진 일본에서 유일한 단체로서 유네스코의 외곽단체인 국제건축가연합(UIA)의 일본 지부와 함께 하고 있다. 현재 회원으로 가입되어 있는 건축가수는 대략 5,000명이라고 한다.

일본의 건축가 직능단체인 일본건축가협회가 이후 IPD에 의해 클라이언트, 설계자, 시공자 공동체제 확립의 방향을 겨냥한 툴로서 BIM을 활용해야겠다는 견해를 공식적으로 한 이유이다. IPD도 BIM과 마찬가지로 현재진행형의 시도이고, 이상적인 통합을 겨냥해서 이후에도 많은 후속을 낳아 변형이 더해질 것이다.

중요한 것은 이렇게 한 시도에는 모든 프로젝트 관계자가 정보를 동일하게 공유하고, 논의하며, 프로젝트의 투명성을 꾀하기 위한 플랫폼이 되는 구조가 필요하다는 것이다. 따라서 BIM이야말로 그 플랫폼에 당연히 있어야 할 형상에 가장 가까운 툴이라고 말할 수 있다.

BIM의 정의란

Building Information Model

BIM의 본질은 건축정보 데이터베이스

반복적이지만 원래 3차원 입체인 건물을 3차원 형상 데이터로 파악하는 것은 당연한 것이다. BIM은 3차원 형상 데이터를 가지고 있기 때문에 건물을 표현하는 디지털 데이터로서는 그럴듯한 논리를 가지고 있으며, 더욱이 형상만이 아니라 마감과 가격 등, 건축을 디자인하고, 시공하고, 관리하고, 사용해 가는데 있어서 필요한 여러 가지 데이터를 통합한 3차원 건축 정보 데이터베이스인 것이 BIM의 본질인 것이다.

이 '여러 가지 건축정보와 3차원 형태가 디지털정보로서 통합되고 있는 것' 이 BIM의 최소한의 정의라고 생각한다.

본 서의 독자 대부분은 컴퓨터로 인터넷에 접속하고 검색엔진을 사용해서 레스토랑 등의 가게 정보와 위치 정보를 확인하는 것이 다반사일 것이다. 예를 들어, Google(구글)이 가지고 있는 방대한 정보와 Google Earth가 완전히 링크된 상황을 상상해 보자.

Google Earth[44]는 컴퓨터 가상공간 속에 재현된 3차원의 지구이고, Google의 전체 정보는 그 지구와 관련지을 수 있다. 'Google Earth에서 3차원으로 재현된 건물을 링크하면 그 건물의 명칭을 알 수 있다. 그리고 가까운 창을 링크하면 유리의 두께와 공학적 특성을 알 수 있다'. Google과 Google Earth가 종합되면 이와 같은 상황도 현실이 될 수 있고, Google+Google Earth가 이미지화되는 모습은 결국 BIM의 모습이라고 할 수 있을 것이다.

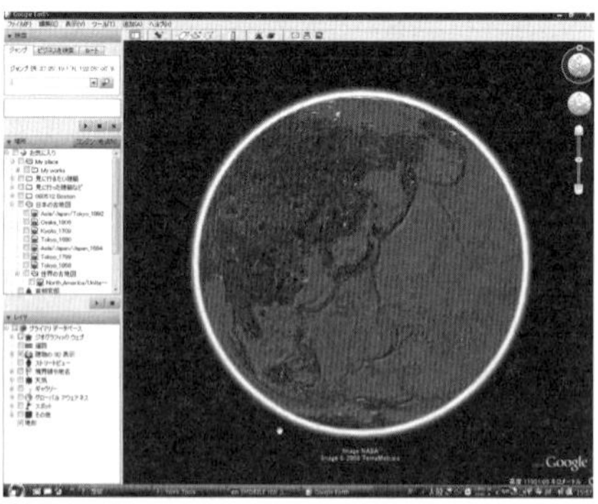

Google Earth의 오프닝 화면. 바로 컴퓨터 가상공간 속에서 표현된 지구이다.

Google Earth상에서 배치된 3차원 건물과 지형 모델

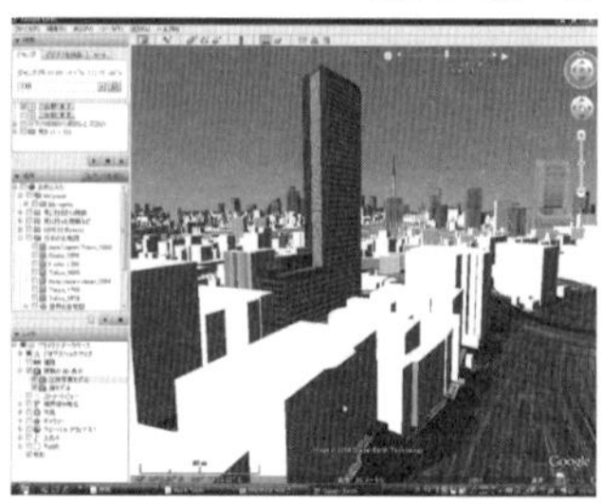

44) ©Google Earth
미국의 Google사가 2005년부터 무상 및 유상으로 개시한 서비스로 컴퓨터상에서 가상 지구의를 만들어 낸 소프트웨어. 기본적인 영상은 항공사진이지만 지형데이터와 지도정보 등 여러 가지 지구상의 정보가 링크되어 있다. 또 주요한 도시에서는 3차원 건축 볼륨도 배치되어 있어 확실히 지구 전체를 3차원 데이터베이스로서 한데 모은 이미지를 가지고 있다.

일찍이 'Google은 검색엔진부터 시작하여 이미 지금은 컴퓨터 가상공간 속에 세계를, 아니 전우주와 그에 관련된 전체 정보를 재구축하고, 검색 가능한 데이터 베이스를 갖추고 있다'.라는 말을 들은 적이 있다. 이것은 전적으로 BIM의 발상과 동일하다.

BIM이란, 컴퓨터 가상공간 속에 건축과 건축에 관련된 전체 정보를 재구축하고 건축에 관계된 모든 프로세스를 이용가능하게 하는 것이다.

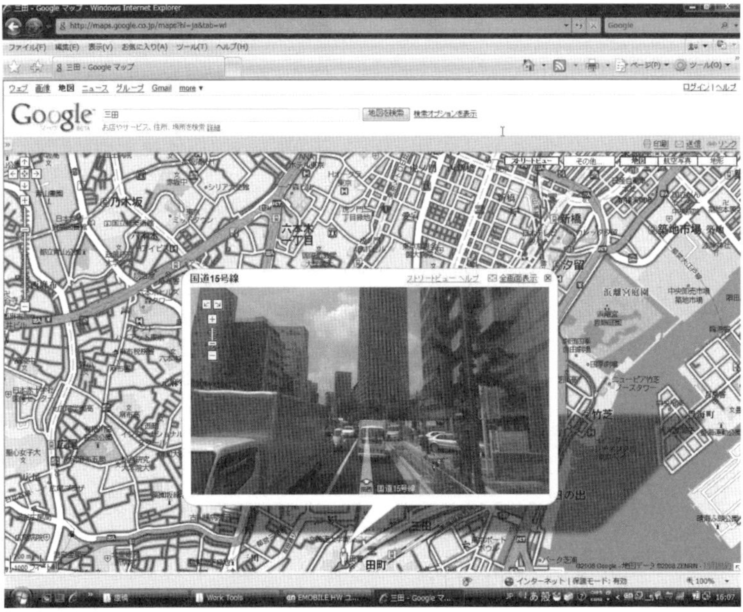

Google이 컴퓨터 속에서 3차원 정보를 축으로 세계의 온갖 정보를 재구축하고 있다고 느껴지는 것의 하나로, Google Map에서 [Street View] 서비스가 있다. 일본에도 2008년 8월부터 서비스가 개시 되었다. 지도라면 지금까지는 2차원의 것이었지만, Street View를 사용하면 지도상에서 특정 지점의 풍경의 사진으로 볼 수 있다.

다양성이 풍부한 BIM의 정의

BIM은 지금도 진화중인 개념이므로 하나로 정해진 정의로 집약되어 있지 않다. 여러 가지 정의 속에 공통적인 사항은 다음과 같다.

BIM의 최소한의 정의

◎ 3차원 형상 정보
건물의 형상을 정의하고 3차원 형상 정보를 가지고 있다.

◎ 건축 정보
형태만이 아니고 속성이라는 여러 가지 건축 정보를
동시에 가지고 있는 3차원 건축 데이터베이스이다.

◎ 디지털 정보
형상 정보의 속성도 디지털화된 정보이고,
그러므로 컴퓨터에서 처리하는 것으로
여러 가지 이용이 가능하다.

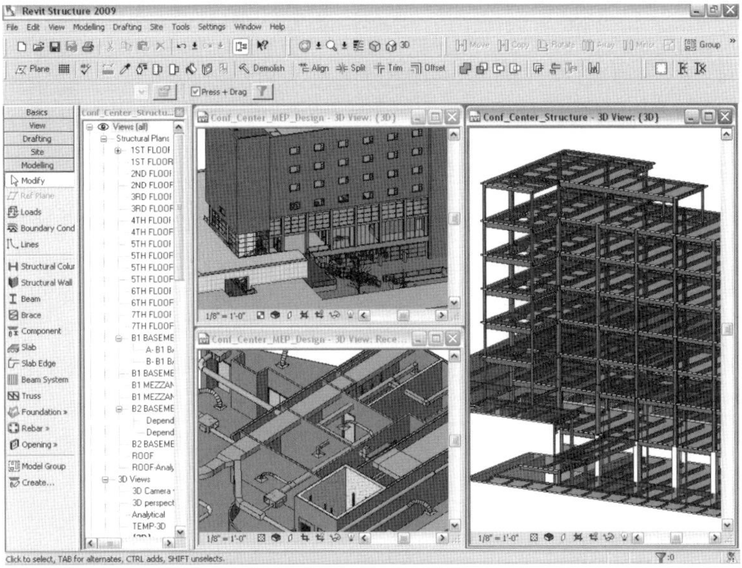

BIM 제작화면 (화상제공/Revit, Autodesk사)

BIM은 다음의 두 가지로 사용되고 있다.

- Building Information Model이라고 말했을 때는 구축된 데이터를 가리키는 말이고,
- Building Information Modeling이라고 말한 경우에는 데이터를 구축하는 기법을 가리키는 말이다.

이 최소한의 부분 이외에 BIM을 파악하는 방법은 매우 다양해서 광범위한 정의를 보이고 있지만 이러한 정의보다 중요한 것은 어찌 되었든 간에 BIM을 실천하는 것에 있다고 본다. BIM에서 유효성 높은 효과를 기대할 수 있는 데, 각각의 프로젝트에서 손이 미치는 곳부터 실천을 점차 늘려간다면 상세한 정의는 자연히 따라올 것이다.

또 BIM이 이상적이라고 생각하는 모든 건축 정보를 갖춘 데이터베이스 구축은 매우 광대하기 때문에 완벽한 실현이 매우 어렵다

는 것은 쉽게 예상할 수 있다. 앞에 Google과 Google Earth의 예를 이용하여 BIM의 개념을 설명했다.

Google은 이상의 최후 형태에 이르지는 않지만 검색엔진과 Google Earth는 이미 널리 공개되어 우리들의 일상에 큰 영향을 주고 변혁되고 있다. BIM도 마찬가지일 것이다. 전체의 완벽함을 추구하고 제자리걸음하는 것보다 시작해 나가면서 점차 충실하게 확실히 할 수 있다. 따라서 실제로 미국에서 생긴 BIM은 Google과 마찬가지로 시작하면서 그 형태를 조정하고 있다는 점이 건축이라는 실학에 있어 최대의 강점이라고 생각한다.

건설하기 전에 「건축물」을 만든다 : BIM의 특징

실제로 BIM은 어떻게 구축되고, 이용되는 것일까?

여기서는 일반적인 BIM의 운용에 관해서 설계부터 시공, 그리고 빌딩관리까지 각 프로세스에 관해 시간축에 따라 설명하려고 한다.

가상의 건축물을 만든다.

각 프로세스에 공통적인 BIM의 최대 특징은 컴퓨터 가상공간 속에서 '가상 건축물'을 구축하는 것이고, 구축된 가상의 건축물이 바로 BIM이다. 구체적으로는 정교하게 데이터가 입력된 CG를 생각하면 좋을 것이다.

CG와 다른 것은 BIM에서 입력된 데이터는 보통의 수치 정보가 아니라는 것이다. 건물의 부품을 단위로 한 데 묶은 정보로서 정의

건축 프로젝트에 있어서 BIM의 제작방법과 사용방법

기 본

◎ 전용 3차원 CAD를 이용하여 컴퓨터 속에서 '가상의 건축물' 을 만들고
◎ 그것으로부터 각 프로세스에 필요한 정보를 뽑아서
◎ 필요한 정보를 추가, 수정해간다.

설계단계

◎ 기본적인 3차원 형상을 만들고
◎ 필요한 시뮬레이션에 그 정보를 사용하고
◎ 서서히 마감과 구조 등의 건축정보를 더해 BIM을 완성한다.

시공단계

◎ BIM으로 필요한 정보를 추려내 시공도를 작성하고
◎ BIM을 사용하여 시공시뮬레이션을 실시하여
◎ 완성한 건물과 BIM에 오차가 생기면 수정한다.

관리단계

◎ BIM에서 시뮬레이션 결과와 실제 건물의 운용 정보를
◎ 비교해서 최적의 시설운영을 꾀한다.
◎ 개보수시에는 BIM에 의해 원활한 개보수 계획을 세운다.
◎ 개보수 공사 시에는 BIM을 시공에 이용한다.
◎ 개보수 공사 완료 후에는 BIM을 유지보수해서
◎ 개보수 정보를 차트로 남김과 동시에
◎ 실제 건물과 BIM 사이에 모순이 생기면 수정해서
◎ 다음 시설관리에 대비한다.

가 부여된 것이다. 이것은 예를 들면 '문' 이라든가 '창' 등 극히 일상적인 부분으로 구분할 수 있는 것을 기본으로 하지만 그 구분은 설계시점이나 적산시점, 시공시점, 부품의 제작시점, 그리고 관리시점에서도 유효하게 '잘' 구분될 수 있어야만 한다(실은 이것이 좀처럼 쉽지 않지만 BIM 전용 CAD가 관리해준다). 그래서 각각의 부품이 어떤 재료로 나오고 있는가, 그 재료는 얼마인가, 내구성은 어느 정도 있을까?, 색은 무슨색인가?, 건축 비즈니스를 추진하는데 있어서 필요한 정보를 링크하여 부가할 수 있는 구조가 되고 있다.

물론, 처음 설계할 때부터 모든 정보가 갖추어져 있지 않기 때문에 설계를 진행함에 있어 정보를 서서히 보태거나 시공단계에서 최종 결정한 정보로 고쳐 쓰거나 준공 후의 유지보수를 고려하여 내용을 바꿔야 한다면 쉽게 수정할 수 있도록 플렉시블(가변적인)한 데이터를 구축하고 간단한 조작으로도 입력이 가능한 구조를 갖춰야 한다. 현재 시판되고 있는 BIM용 CAD는 이것들을 실현한 소프트웨어로 되어 있다.

BIM의 '가상 건축물' 은 BIM용 CAD를 사용하여 이들 부품이 컴퓨터 속에서 구축된 것이다.

설계단계의 중요성

BIM의 '가상 건축물' 을 구축하는 최초의 단계는 설계에 해당한다. 설계 초기에는 애매한 부분을 남겨 놓으면서 거친 모델을 구축하고, 설계가 진행됨에 따라 그 정도를 서서히 늘려가는 것이 일반적이다.

일반적인 2차원 설계에 비해 처음부터 3차원에서 검토를 실행하는 것은 설계자에게 과도한 부담을 강요할 수 있는데 2차원 도면은 어떤 의미에서 일종의 도식(= 다이어그램)이고 설계자의 사고 방식을 명확히 전달하기에는 매우 쉬울 것이다.

설계에서 설계의 컨셉을 여러 차례 2차원 다이어그램으로 표현하여 담는 경우가 있다. 3차원 공간을 만들 때도 처음에는 보다 추상화된 2차원 상에서 생각하는 편이 효율적인 경우가 종종 있으며, 설계가 조금 더 진행된 단계에서도 모든 설계를 3차원으로 실시하는 것은 2차원에서 설계하는데 비해 많은 수고가 필요하다.

2차원이라면, 생각을 보여줄 수만 있으면 되는 것이 3차원이 되면 입체적인 정합성을 전부 취하지 않는 한 파탄된다. 종합도의 예를 보면, 3차원적인 정합성을 취하는 작업은 의외로 많은 인력을 요한다. 이것이 82페이지에서 언급한 작업의 피크가 앞당겨지는

BIM속에서 구조와 외장의 표현 사례. 3차원이기 때문에 형상을 쉽게 이해할 수 있다. (화상제공/Revit, Autodesk사)

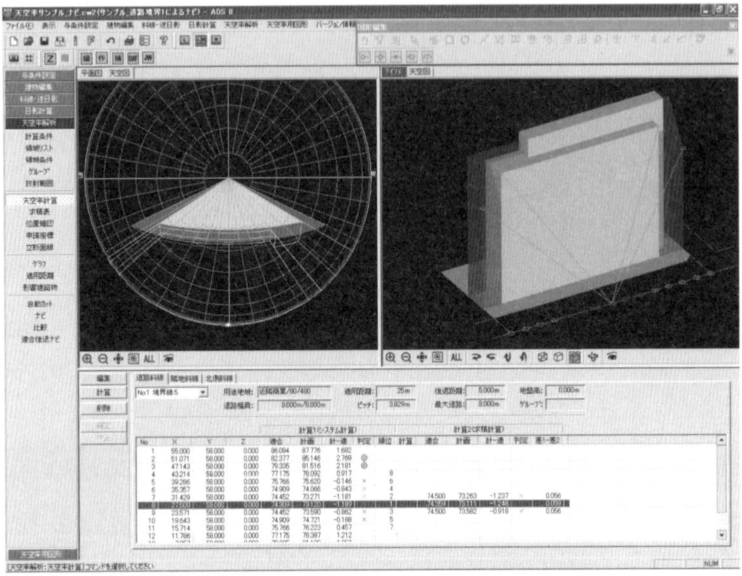

ADS(일조계산 소프트웨어)에 의한 일조와 천공률 체크의 예(화상제공/생활산업연구소)

요인이다. 그러나 우선 설계 단계에서 3차원적인 정합성이 정돈된 도면을 작성할 수 있으면 이후의 작업과 설계에 부속되는 작업은 훨씬 원활하게 된다.

건축, 구조, 설비가 3차원에서 함께 설계되어 있으면 각각의 도면을 컴퓨터상에서 겹쳐 맞추는 것으로 부정합과 간섭을 쉽게 발견할 수 있다. 컴퓨터에서 자동적으로 간섭을 찾아내는 프로세스를 'Crash Detection'이라고 하지만 이것을 실제로 가능하게 하는 소프트웨어는 이미 판매되고 있어 BIM을 실천하는 데 있어서 중요한 것이 되고 있다. 3차원으로 설계하고 있으면 이러한 소프트웨어를 사용하여 도면의 정합성을 대폭 높이는 것이 가능하다.

데이터베이스의 활용법

시뮬레이션으로 데이터 응용도도 크다. 현재, 일본에서 운용되고 있는 법적인 지도 내용의 일부를 예로 들면, 일조규제와 천공률에 의한 사선제한은 이미 컴퓨터를 사용한 3차원 시뮬레이션이 아니면 검토가 불가능한 상황이 되어 있다. 또 환경 중시의 시대를 맞이하여 온열환경과 풍환경의 시뮬레이션은 설계상 필수불가결한 작업이 되고 있으나, 이것들도 설계도면 자체가 3차원으로 제작되어 있다면 그 데이터를 사용해 컴퓨터상에서 시뮬레이션을 실행하는 것이 가능하다.

일본에서는 개별 연구자가 작성한 소프트웨어 이용이 주류이지만, 유럽에서는 이러한 시뮬레이션 소프트웨어가 판매되고 있어서 약간의 지식만 있으면 누구라도 사용할 수 있는 상황이 되었다.

시공자가 프로젝트팀의 일원이면 적당한 간격으로 시공성부터 체크를 실행, 시공자의 입장으로 피드백해서 설계가 확고해진 이전 단계로 돌아가는 것이 가능하다. 데이터가 3차원화되어 있으면 설계중의 불확실한 정보라 할지라도 2차원 스케치에 비해 시공자는 특별히 많은 정보를 받을 수 있기 때문에 피드백은 보다 효과적이 된다.

공사비 개산(槪算)도, 바닥면적과 같은 사례를 사용한 개산이 아니고, 초기 단계부터 마감과 부재마다의 사용수량이 설계와 함께 실시간으로 산출된다. 그렇게 되면 적어도 개산 중 실시간 수량부분은 관계자 사이에서 투명화되어 공유되게 된다. 비용 산출도 자동화할 수 있기 때문에 지금까지 보다 더 빈번하게 개산을 산출할 수 있게 되어 설계와 예산의 괴리를 체크하는 기회를 인력을 투입하지 않고 늘릴 수 있다.

시공 · 시설 유지관리에서의 유용성

설계단계에서 애써 구축한 BIM이 시공단계로 이행될 때는 확실히 작업의 성력화로 이어진다.

우선, 지금까지 종합도를 작성한 것으로 설계도를 이해하고, 동시에 오차를 철저히 조사하여 밝혀내는 과정은 대폭 성력화된다. BIM으로 구체화한 CG와 영상을 보면 각 실에서 설비와 의장의 간섭은 눈으로 보고 확인이 가능하다. 또 가시화된 CG는 전문가가 아니라도 쉽게 이해할 수 있기 때문에 **디지털 목업(Digital Mock-Up)**[45]으로서 건물 준공 전에 발주자와 시설 유지 관리자에 의한 꼼꼼한 체크가 가능하다.

가시화된 CG에서의 사전 공정검토는 여러 관계자가 모인 건축현장에서도 지혜를 모으는 수단으로 대단히 유용하다. 상세한 시공도를 작성하기 이전에 필요 수량 등이 실시간으로 집계되어 있기 때문에 자재 조달의 타이밍도 정확도를 높여 계획하는 것이 가능하다.

BIM의 세계에서는 이러한 시간축에 걸친 응용을 3차원 공간에 시간이라는 차원을 한층 더 겹쳐서 연구한다는 의미를 담아 '4D'라고 한다는 것은 앞에서 기술했다.

설계자와 시공자만이 아니다. 준공 전의 기능 작동 검사 등의 위탁이나 그 후의 유지관리에서도, BIM은 평가하기 위한 기준과 유지관리의 이력, 실제 건물의 각부를 검토하기 위한 차트로서 유용하고 완성 후의 퍼실리티 매니지먼트에 의해서도 유효한 정보가 될 수 있다.

---

45) ◎디지털 목업(DMU)
64페이지 참조

보이는 사물은 간단히 된다 : BIM의 가능성

두루 아는 것을 모은다 「가시화」

지금 모든 산업에서 '비주얼화', '가시화'를 외치고 있지만 BIM이야말로 건축업계에서의 '가시화' 실천의 하나라고 말할 수 있을 것이다.

생산 현장에서는 생각이 자주 추상론으로 빠지거나 특정 개인 속에서 둘러싸거나 해버려 주변 사람에게는 보이지 않는 상황이 되는 경향이 많다. 이러한 상황을 개선하고 고찰을 구체화하여 관계자 전원의 지혜를 움직일 수 있도록 사물을 '보이도록 한다'는 것의 중요성이 대두되고 있다. 유명한 예로 도요타가 자동차 생산 중에서 실천해온 '가시화'일 것이다. 대표적인 '가시화'에는 생산라인 등에서 문제 발생 시 담당자가 '표시등'을 점등하여 문제의 발생을 조기에 알려주는 등의 방법이 유명하다.

보이기 어려운 것을 보이도록 하는 것뿐만 아니라 본래 보이지 않는 것의 추상화 개념과 지식, 정보 등을 보이도록 하는 가시화도 중요하다. 예를 들면 지하철 연결 지도는 본래 보이지 않는 지하철 상호 이음을 가시화한 것으로 정보 그래픽이라고 불리고 있지만 이것도 보이지 않는 것을 가시화하는 것으로 이해를 쉽게 하는 예이다.

BIM의 가장 큰 의의는 가상공간에 건물을 3차원으로 가시화하여 건축프로젝트에 관계된 설계자, 엔지니어, 시공자, 클라이언트 등에게 정보를 공유받는 것에 있다. 논의가 추상적이 되지 않도록 구상화하는 것으로 상호 이해를 깊게 하고 빠른 의사결정을 재촉하고 프로젝트 기간을 단축시키는 것을 추진하기 위한 대상을 확실하게 있는 그대로 포착한다는 의미에서의 가시화이다.

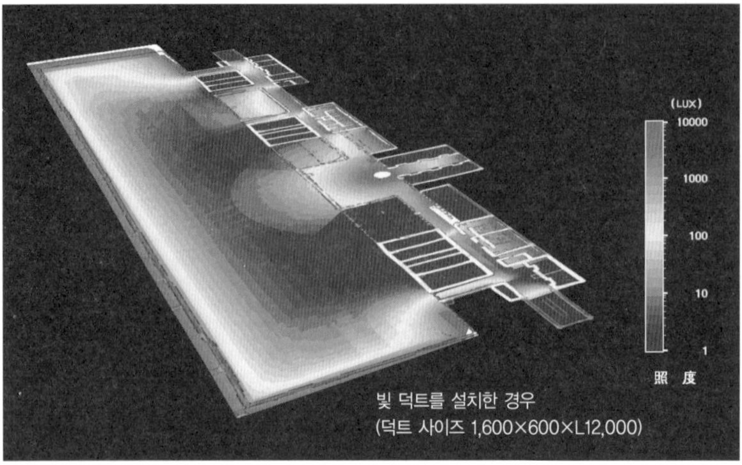

빛 환경 시뮬레이션(화상제공/닛켄설계)

건축 설계에 있어서 자주 실행하는 시뮬레이션에는 풍환경, 온열환경, 조도분포 등이 있다. 위의 그림은 창으로부터 빛이 실내 각부에 어느 정도 조도되는지의 시뮬레이션을 실행한 것이다. BIM이라면 창의 크기와 유리의 투과율, 벽면의 소재에 의한 빛의 흡수 반사 등을 상세히 시뮬레이션 프로그램으로 넘기는 것이 가능하기 때문에 보다 고도의 시뮬레이션이 가능하다. 그 결과는 전문가가 아니라도 쉽게 이해할 수 있는 형태로 가시화하여 출력할 수도 있다.

건축 각부의 정보가 가시화되어 보이면 의사 결정이 빨라지고 오해도 줄어 정보 공유의 의미가 크다.

BIM의 7가지 장점

BIM추진의 큰 역할자 중 한 사람인 조지아공과대학교 찰스 이스트만 교수에 의하면, BIM의 장점은 다음의 7가지가 있다(2008년 5월 13일의 Plenary Session에서 인용).

① 파라메트릭 모델로부터 자동적인 2차원 도면의 작성

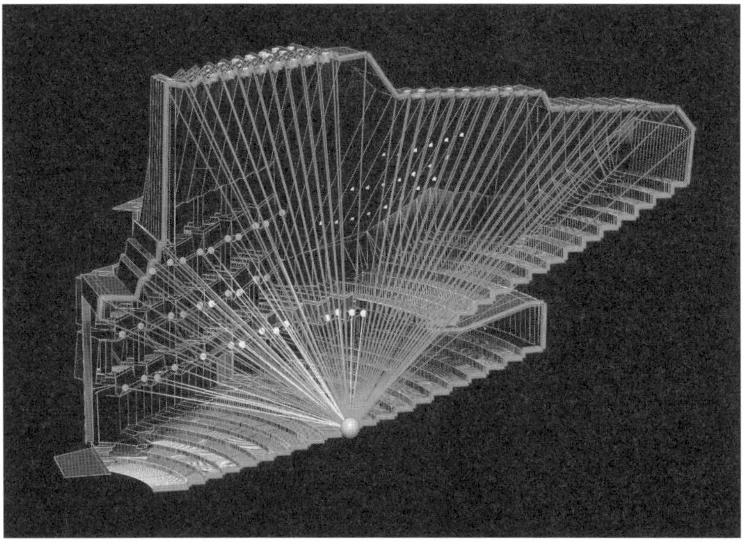

레이저에 의한 입체 스캔 개념도
시드니 오페라 하우스(image courtesy of Arup)

② 강화된 시각화

③ 간섭체크

④ 제작의 간편화

⑤ 모델을 이용한 해석

⑥ 시뮬레이션 능력

⑦ 3차원 모델로의 지식 도입

이후에 발전하려는 레이저에 의한 입체 스캔과 에너지 소비분석, 소비상황의 추적 조사 등, 현 상황에서는 아직 일반적으로 사용되지 않는 다양한 방법과의 친화성을 주고 있다.

첫 번째의 파라메트릭 모델은 변수에 의해 형상을 변경할 수 있는 부품이라는 것으로, 여기서는 창 등의 건축 부품으로 구축된 3차원 형상정보라고 생각하면 된다. 3차원 정보로부터 2차원 도면을 만드는 것은 역설적으로도 보이지만, 3차원 모델로부터 시공과 부품, 그리고 계약 등에 필요한 2차원 도면을 꺼내는 것은 목적에 맞는 가시화의 하나이다.

미국의 설계소프트웨어 회사인 Autodesk사의 필 번스하인 부사장은 현시점에서 가장 중요한 BIM의 혜택은 '분석'이라고 말하고 있다. 통상적으로 지금까지의 방법에서는 CASBEE[46] 같은 종이를 기반으로 한 체크리스트에 의한 분석이 주류였지만, BIM에서는 3차원 모델을 기반으로 하여 디지털 데이터 처리에 의한 자동적인 체크리스트를 작성할 수 있다. 그리고 미래에는 정보, 분석, 컴퓨터의 통합에 의해 체크리스트 형식에 의하지 않아도 보다 넓은 범위에서 풍부한 프로젝트 상황 파악이 가능하게 될 것이라고 예상하고 있다. 이것도 BIM에 의한 가시화의 장점으로서 강조해야 하는 점이다. 이렇게 BIM의 본질을 구성하는 큰 측면은 이전부터의 설계방법에서는 보이지 않았던 것을 가시화하여 프로젝트 구성원 사이에서 공유하는 것으로 프로젝트의 이해를 깊게 하고 의사결정을 재촉하는 점이다.

46) ©CASBEE
CASBEE = 건축물종합환경성능 평가 시스템. 127페이지 참조

제 4 장

왜 세계의 건축 비즈니스계가 BIM을 필요로 하고 있는가?

세계의 건축 비즈니스계가 BIM을 필요로 하고 있는 상황

◎ 일본과 마찬가지로 건축 비즈니스의 위기 상황에 대응

◎ 환경 중시 시대에 어울리는 신속하고 정확한 환경 시뮬레이션 작성의 필요성

◎ 프로젝트 초기에서 환경 등급에 대응

◎ IT화 시대에 맞는 설계, 시공, 관리방법의 필요성

◎ 건설 원가의 투명화

지금까지 일본 건축 비즈니스의 피폐했던 상황과 BIM의 아우트라인을 잡아 보았다. 여기서는 더욱더 시점을 넓혀서 세계 건축 비즈니스의 상황을 멀리 바라보면서 '왜 BIM이 쓸모가 있는가' '왜 BIM이 필요하게 되는가' 에 관하여 글로벌한 시점에서 생각해 보려고 한다.

진화하는 건설업계의 틀

해외 여러 나라에서는 일본보다 먼저 BIM을 도입해 이미 실적을 올리고 있는 실례가 다수 존재한다. 이런 나라들도 사실 건축 비즈니스가 문제를 안고 그것을 극복하기 위해 BIM을 도입한 경위가 있다. 따라서 BIM을 일본에 도입하는데 있어 이러한 여러 나라들의 BIM도입 경위를 조사하는 것은 필수불가결하다. 여기서는 미국을 시작으로 BIM 선진국의 상황을 살펴 보려 한다.

미국 건축 비즈니스의 상황

미국에서는 National Institute of Building Science가 2007년 말에 하나로 모은 NBIMS[47]라는 BIM의 기준이 있다. 그 전문에 미국 건축 비즈니스가 놓인 위기 상황이 적혀 있지만 그 대부분이 일본 건축 비즈니스계의 현상과 겹쳐 있다.

47) ©NBIMS
National Building Information Model Standard의 약자. 상세한 내용은 다음의 주소를 참조. http://www.facilityinformationcouncil.org/bim/publications.php

조목별 내용에서 정리하면 대체로 다음과 같다.

- 미국 건축 비즈니스는 세계 규모로 확대되는 위기상황의 한가운데 있다.
- 세계 원재료의 40%를 소비해서, 완성한 설계는 40%의 에너지를 소비하고, CO_2의 배출량의 40%를 차지하고, 20%의 남은 재료로 토지를 매립하고 있는 미국의 건축업은 명백히 지구상의 자원을 유효하게 사용함에 있어서 책임이 있다.
- 2008년 미국의 건설투자는 1,288조 달러에 오를 것이라고 예상했지만, 현 상태의 비즈니스 모델에서는 그 57%가 헛되게 되어 조급한 효율화가 필요하다.
- 다른 문제점으로는 2020년에 100만 명의 엔지니어가 부족할 것이라는 예측이다.
- 2007년에 미국은 세계 제일의 소비대국이 아님으로써 재능 있는 프로페셔널을 건축 비즈니스로 끌어당기는 것이 보다 어렵게 된다.
- 그러므로 미국의 건설산업은 보다 경쟁력을 갖도록 신속한 변화를 줄 필요가 있다.
- 현 상태의 산업 변혁은 디자인과 시공단계에서의 최적화 노력에 초점을 맞추지만 이에 더해 라이프사이클에서의 시점 도입이 필요하다.
- Sustainability(지속가능성)[48]이 고려되고 있지 않으면 라이프사이클 속에서의 손실이 많이 발생한다.
- 디자인과 건설 과정에서의 결정사항은 라이프사이클 속에서

48) ◎Sustainability(지속가능성)
지속가능성이라는 의미의 영어로, 1987년에 국연의 「환경과 개발에 관한 세계위원회」가 가리킨 「지속가능한 개발」에 발단하는 사고방식. 지금까지의 성장 하나만 생각하는 개념에서 다음세대에 이익을 훼손하지 않도록 사회적인 발전을 진행하고자 하는 환경의 시대에 맞는 사고방식으로 넓게 공유되고 있다.

는 사소한 원가이지만 라이프사이클 속에서 많은 임팩트를 가진다.

- 건물에 관계된 원가의 대부분은 시설 운영과 유지(러닝 코스트)에 의한 것이다.

이와 같은 상황은 확실히 일본 건축 비즈니스의 현상을 지적하고 있다고 느껴지는 것이다.

통합과 다양화의 시대

현재 미국 건축 비즈니스계에서 발생하고 있는 여러 가지 사항을 굳이 정리하면 '종합' 과 '다양화' 라는 말이 가장 맞다고 생각한다. 여기서는 세계의 건축산업 상황을 발주방식, 설계방식, 글로벌화, 환경문제, IT화 등의 측면으로부터 살펴보고 각각의 측면에서 통합과 다양화가 어느 정도 시작되고 있는가의 개략을 보기로 한다.

공사발주방식의 통합과 다양화

우선, 건축공사의 발주방식으로 눈을 돌려 보자. 건설산업 자체가 원래 사회기반과 깊은 관련이 있다는 특징이 있으므로 이전에는 나라별, 지역별로 독자성이 강한 발주방식이 취해지고 있었다. 일본에서는 클라이언트로부터 제네콘에게 모두를 맡기는 일괄청부방식이 주류였고 미국과 영국에서는 'Design Bit Build' 라고 불리는 발주방식이 주류를 차지하고 있었다. 그러나 건축 비즈니스가 위기 상황을 맞이하자 각국은 그 극복을 위해 새로운 직능이 나타나거나 발주방식에 변경을 더하는 등의 시도가 시작되었다.

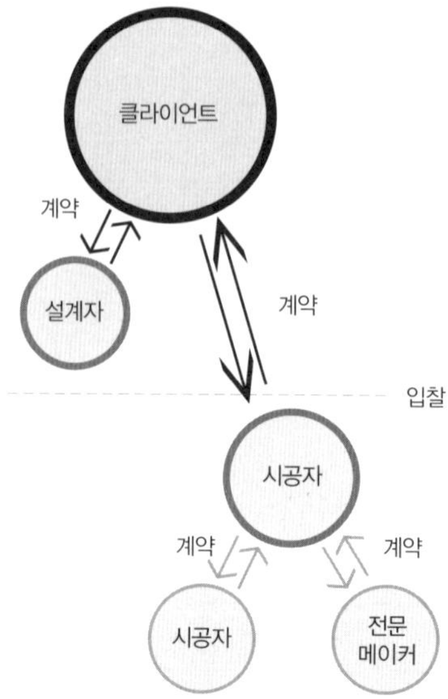

Design Bit Build 방식의 팀구성 이미지

Construction Management(CM)방식

일찍이 미국의 설계 스타일은 설계자가 시공 가능한 상세한 도면까지 전부 작성하고 시공은 분리발주를 원칙으로 제네콘이 끼어 있어도 건축까지의 발주이고 인테리어는 별도로 되고 있었다. 그러나 최근 몇 년, 건축설계 내용이 고도화되고 또 건물을 구성하는 서브시스템의 부품화가 진보하는 것에 의해 설계 초기부터 부재 전문 메이커와 서브콘을 끌어들인 설계를 실행하는 것이 필수불가결하게 되어 왔다.

이런 상황에서 설계자와 서브콘, 그리고 제네콘의 새로운 관계를 재구축하고 프로젝트를 원활히 진행하기 위해 발주방식의 다양화가 시작되었다. 발주방식 다양화의 시초가 되는 것 중 하나는 미국에서 태어난 CM일 것이다. CM은 'Construction Management'의 약어로 클라이언트의 조력자로서 클라이언트와 시공자 사이에서 리스크에 대비하여 시공자측의 예상 경비를 투명하게 함으로써

구미의 건축공사 발주방식

◎ Design Bit Build 방식

- 클라이언트가 직접 건축가, 시공자와 계약을 실행하는 가장 일반적인 발주 방식
- 건설시점에서 시공자의 노하우가 받아들여지기 어려움
- 일본의 분리발주에 해당

◎ Construction Management (CM) 방식

- Construction Manager가 클라이언트를 대신하여 시공자 등의 분리발주를 실행하는 방식
- 원가의 투명화, 조기발주에 의한 공기단축, 설계로의 시공 노하우에 피드백했지만 효과가 적음

◎ Design Build (DB) 방식

- 설계자와 시공자가 팀을 짜서 클라이언트로부터 발주를 받는 방식
- 시공자의 노하우를 설계에 피드백하는 것이 쉬움
- 경쟁원리에 의한 건설원가의 억제를 일으켜 건설원가가 불투명해짐

◎ PFI 방식

- 공공시설 건설 시에 공공측이 민간의 힘을 이용해 건설운영자, 설계자, 시공자가 팀을 만들어 응찰하는 방식으로, 각각이 가진 노하우의 조기 도입이 가능
- 공공시설정비에서 일정한 성과를 주기 때문에 민간 판 PFI가 시행되고 있음

◎ IPD 방식

- 프로젝트의 가장 처음부터 클라이언트, 설계자, 시공자가 팀을 짜서 서로의 노하우를 살린 프로젝트 추진을 실행하는 방식
- 공동체를 원활히 실현하기 위한 툴로서 BIM이 자리매김되고 있음

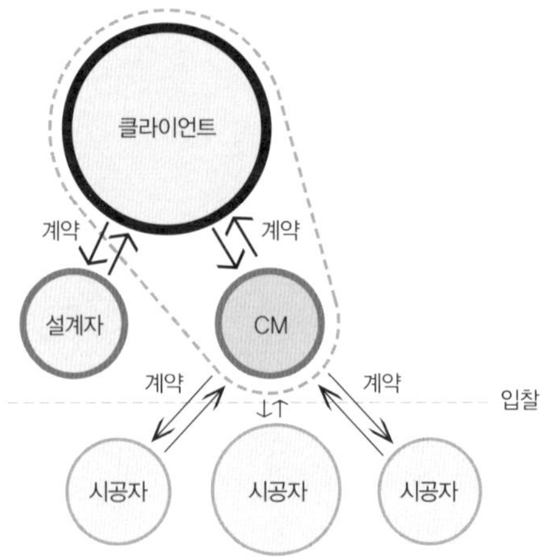

Construction Management 방식의 경우 팀구성 이미지

건설자재 조달 및 인건비의 투명화를 꾀하는 것으로 원가를 확보하는 업무를 수행한다.

CM탄생 계기의 하나가 된 것은 1960년대가 되어 건축프로젝트가 대형화 및 복잡화되었기 때문에 클라이언트, 설계자, 시공자의 삼자대립 관계로는 꾸려나갈 수 없게 된 상황에 있다고 할 수 있다. 거기에 CM이 개입하여 공사단위를 세분화해서 전체 설계가 완료되기 전에 특정부분의 설계를 완료하고, 완료되기 이전에 각 부분을 수시 발주함으로써 공기단축과 공사예산의 투명화를 꾀했다.

또한, 1970년 무렵 시작된 미국 건축산업의 쇠퇴경향이 겹쳤고, 건축공사 금액은 GDP의 10% 정도가 되는 상황이 되고 건설산업의 합리화가 필요하게 되었다. 이들 상황을 뒷받침하기 위해 CM의 본격적인 전개가 시작되었다고 한다. 80년대에는 영국과 일본에도 CM의 사고방식이 수출되어 각 나라의 특질을 반영한 클라이언트, 설계자, 시공자의 새로운 관계를 모색하고 건축 비즈니스의 새로운 자세를 요구하면서 전개되었다.

CM은 공사발생 금액의 투명화라는 측면에서 효과가 있었다.

제네콘의 역할이 일본과 다른 미국에서는 Project Management 측면에서의 효과를 거두었다. 그러나 본래 목적인 프로젝트를 비약적으로 단기화하는 설계프로세스의 개혁과 시공자와 전문메이커의 노하우를 적극적으로 받아들인 설계개혁이라는 측면에서는 효과가 적었다고 볼 수 있다. 일본에서 CM이 관여한 프로젝트는 몇 퍼센트도 되지 않는 상황이었고, CM의 본 고장인 미국에서도 주류가 될 수 없었던 현상이 CM의 방법론에 개량의 여지가 있음을 단적으로 보여준다.

DB(Design Build)방식

최근 '건축가'의 개념을 확립한 영국에서도 미국과 마찬가지로 설계와 시공의 괴리가 양자의 효과를 통합하지 못하고 프로젝트에 전부 활용할 수 없는 상황이어서 미국과 마찬가지로 변화를 모색하는 시대를 맞이하였다. 이전에는 영국에서도 'Design Bit Build'가 주류였으며, 이것이 여기서 소개하는 'Design Build'와 나중에 설명할 PFI의 도입으로 민간개발자와 설계자, 시공자가 서로 팀을 구성하여 공공사업과 민간사업에 응찰함으로써 영국에서 건축 비즈니스의 틀을 크게 변화시키는 흐름이 되었다.

Design Build는 1980년대 영국에서 그 원형이 탄생되었다고 할 수 있다.

공사금액의 조기 확정을 위해 설계자와 시공자가 일체로 설계와 시공을 도급맡는다는 건축 비즈니스의 구도를 크게 바꾸려는 시도였다. 제네콘이라는 설계시공이 일체화되어 있는 방식을 가진 일본에서는 극히 일반적이라고 느낄 수 있지만 영국에서는 큰 충격이었음에 틀림 없다.

다만, 일본의 일괄시공과는 달리 설계자와 시공자는 각각 독립

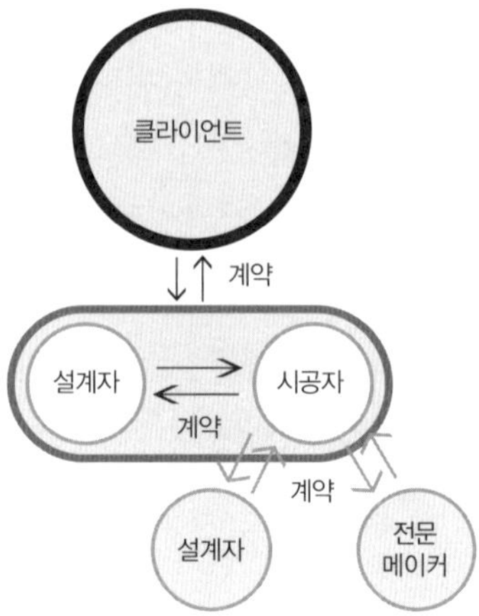

Design Build의 경우 팀구성 이미지

된 기업이고 프로젝트마다 팀을 구성하는 부분이 근본적으로 다르다. Design Build의 사고방식은 미국과 캐나다 등에도 전파됐다. 이들 각국에서 Design Build의 실천은 대체로 다음의 형식으로 실행되고 있다.

- 발주자측이 건축가 등의 전문 컨설턴트에 의뢰하여 발주 프로그램을 준비해 입찰을 실시한다.
- 입찰자는 설계도서와 입찰가격을 발주자에게 제출한다.
- 발주자는 가장 조건이 좋은 입찰자를 선택해서 계약한다.
- 입찰자는 설계사무소가 주체가 되어 시공자를 동반한 팀업을 실행하는 경우
- 시공자가 주체가 되어 외부 설계사무소와 팀업을 실행하는 경우
- 시공자가 자사 내의 설계자를 쓰는 경우(미국 등에서는 법률상의 구속도 있고, 소규모의 공장 등 극히 한정된 것 밖에 실천되고 있지 않다)

등 같은 디자인 빌드라고 하더라도 응찰대응은 다양하다.

공사감리에는 전문 컨설턴트를 고용, 설계와 시공의 상황이 발주자로부터 보이지 않는 블랙박스로 되는 경우가 없도록 배려되어 있는 것이 일반적이다. 본가인 영국에서는 공공공사, 특히 토목부문에서 Design Build는 일정의 시장점유율을 늘리고 있다. 그러나 건축공사 전체에서의 시장점유율은 10%에도 미치지 못하는 상황이다.

그 원인으로는 시공자와 계약이 앞당겨지게 되는 한편

- 입찰에 의한 공사가격경쟁이 애매하게 되는 경우와
- 공사시 필요한 부재수가 많고, 또 그 원가가 유동적인 건축공사에 있어서 Design Build를 실천해도 건설 전체의 원가 억제가 일어나지 않는 경우가 많은 것이 원인이라 하고 있다.

또 Design Build가 적용된 프로젝트는 이른바 디자인을 필요로 하지 않는 공장과 가설건축물이 대부분으로서 영구적인 오피스와 주택, 문화시설에는 적용되고 있지 않기 때문이다. 그러나 Design Build는 이들의 결점을 보충하기 위해 많은 변종을 낳고 있다.

프랑스에서 생겨나 미국으로 건너간 'Bridging'이라는 형식도 이 중 하나이다. 간단하게 말하면, 일본의 기본설계 발주에 가까운 방식으로 경쟁원리를 소생시켜 원가를 진정시키면서 실시설계단계에서 시공자의 노하우를 받아들이는 것을 유도한 방법이라고 해도 좋다.

PFI(Private Finance Initiative)방식

영국에서 발생한 흐름 중 또 하나는 PFI이다. PFI는 건물의 유지관리를 위해 설계자, 클라이언트, 시공자, 그리고 유지관리자의 공동체성을 모색하고 있다는 점이 CM과 Design Build에는 없는 새로운 특징이다.

PFI는 공공시설정비에 민간자금을 이용한 시설정비와 서비스를 위한 것이다. 1992년 마가렛 대처 정권하의 영국에서 공동투자 예산의 부족부터 민간의 활력 · 재력을 사용한 공공 프로젝트를 추진하자는 생각에서 행정개혁의 하나로 태어났다. 이 방법은 일본에도 신속하게 도입되어 1999년 7월에 PFI법이 시행되고 이제는 실천한 사례도 많기 때문에 아는 사람이 많을 것이다.

PFI는 다음과 같은 방식이다.

- 우선 발주자인 공공단체측이 필요한 서비스 내용을 나타낸다.
- 이에 대해 민간이 PFI사업자가 되어 설계자, 시공자, 운영자가 일체가 된 컨소시엄(공동사업체)을 조직한다.
- 그리고 공공시설의 설계, 건설, 운영, 프로젝트 추진을 위한 자금조달을 담당함과 동시에 그 서비스를 달성하는 방법과 수단을 제시한다.
- 공공단체는 여러 PFI사업자 중 최적이라고 생각되는 사업자를 결정해서 계약을 맺고 서비스 제공을 받는다.
- 그리고 공공측은 그 대가로 PFI사업자에게 서비스료를 지불한다.

PFI사업자 측은 효과적인 방법으로 사업을 진행하는 것으로 새로운 가치를 낳기 시작하는 것을 목표로 하는 것이다. 이것이 이전 방법의 효과를 상회하면 'VFM ; Value For Money' 라고 하는 새로운 효과로 된다. 이것이 PFI추진의 근본원리이다.

민간의 지혜와 자금조달력을 사용하여 미리부터 관주도의 시설 건설과 운영, 서비스 수준을 떨어뜨리지 않고 진행해나가자는 아이디어이다. 위탁측이 공공단체이고, 수탁측이 여러 사업자로 구성

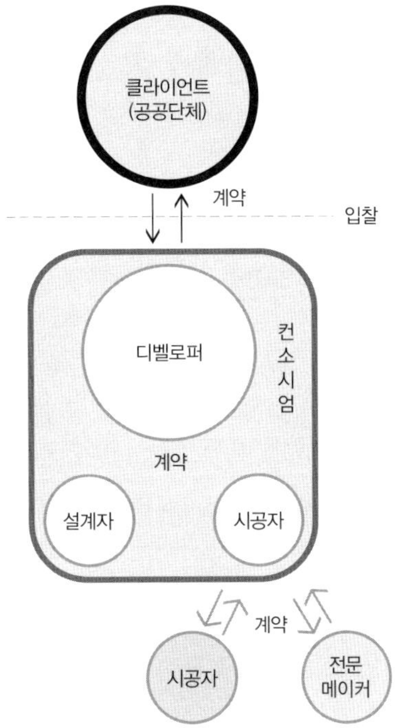

PFI의 경우 팀구성 이미지

되기 때문에 당연히 자금조달부터 수익배분까지가 오픈되는 것이 기본이다. 따라서 건물을 라이프사이클이라는 새로운 틀을 짬으로써 파악하는 것이 쉬운 방법이다. 이 PFI방식의 효과를 민간 프로젝트에서도 사용할 수 있는 것은 아닐까라는 생각도 하게 된다. 실제로 영국에서도 '민간형 PFI' 의 실천이 시작되어 있는것 같다.

CM, Design Build, 그리고 PFI는 설계자, 클라이언트, 시공자의 새로운 관계를 구축하고 통합하는 것으로 건축 비즈니스의 구도를 다시 그려 건설 프로젝트 원가의 투명화, 프로젝트 추진의 스피드업, 설계와 시공의 통합에 의한 합리화 등을 위한 시도이다.

특히 PFI에서는 시설의 운영을 포함시킨 통합이 필요하기 때문에 보다 광범위한 관계자의 통합에 의해 건축 비즈니스의 구도를 다시 그리는 시도이다. 어느 쪽의 시도도 현재진행형의 형태로 개량이 진행되고 있지만 이들의 효과를 받아들여 보다 적극적으로 정면을 향한 통합의 노력이 미국에서 일고 있으며, 그것이 IPD이다. 다음은 이 IPD의 행태를 살펴보자.

IPD(Integrated Project Delivery)방식

비즈니스의 구도를 그리는 시도 중 설계자와 시공자, 그리고 전문 메이커가 상호 협조함으로써 보다 우수한 성능의 건물을 설계하자라는 움직임이 1990년대 미국에서 건축가측으로부터 등장했다. 미국 건축가의 직능단체인 AIA의 리차드 홉스 씨는 1995년에 건축가의 직능을 다음과 같이 재정의하고 있다.

- 고객지향형으로 건축가의 직능을 확대한다.
- 컴퓨터에 의한 지원을 근거로 그것을 실천한다.

이 직능의 확대 속에서 건축가가 리더십을 취하면서 건축에 관계된 것보다 더 광역적 직능과의 공동작업과 Integration(=통합)의 필요성을 호소하고 있다. 여기에서 통합의 호소는 Integration Practice(IP) 혹은 Integrated Project Delivery(IPD)라 불리고, 미국 국내에서도 빠른 속도를 실현에 옮겨지고 있으며, 이런 방법은 2008년 현재에는 'IPD = Integrated Project Delivery'로 호칭이 정착되었다.

여기에서의 Integrated를 한마디로 말하면 설계와 시공의 통합이다. 설계 프로세스에서 시공과 제작의 노하우를 적극적으로 앞당겨 도입함으로써 고도의 디자인 생산성을 높임과 동시에 단기화 실현을 위한 설계자, 시공자, 전문메이커의 통합을 의미한다.

AIA는 건축가의 직능단체로서 그 통합의 리더십을 건축가가 잡는다는 전제이지만 실제로 리더십을 발휘하는 것은 통합된 설계팀

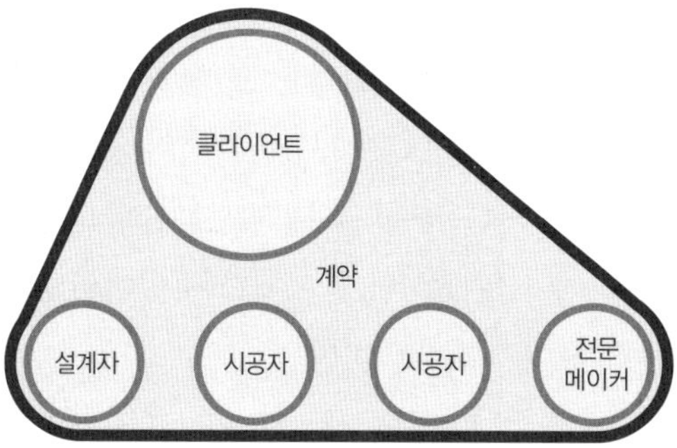

IPD의 경우 팀구성 이미지

내 최적의 멤버가 실시한다면 더 좋고, 그것이 설계자나 시공자, 경우에 따라서는 클라이언트라도 상관 없다. 이 IPD는 미국 건축 비즈니스계의 큰 흐름을 이루고 있다. 특히 대형 프로젝트와 난이도 높은 프로젝트에서 시작되어 점차 일반화되고 있다. AIA는 2007년에 이 IPD에서 프로젝트를 진행하기 위한 가이드라인을 「Integrated Project Delivery : A Guide Version1」을 발행하고, 조직에서도 IPD의 진행을 뒷받침 하고 있다.

이 서문에는 "Facility Manager, End-user, 시공자, 전문메이커 모든 사람들이 처음부터 디자인 프로세스에 연루되게 할 수 있다. (중략) 모든 커뮤니케이션이 투명하게 오픈되어 신뢰할 수 있는 것이 된다. (중략) 리스크와 보수가 팀 내에서 균형잡힌 것이 된다. (중략) 고품질로 지속가능한 성과를 달성할 수 있다."

이것이 바로 IPD라고 홍보하고 있다.

이 가이드라인 속에는 IPD를 진행시킨 후, 팀 멤버 사이가 효율적으로 커뮤니케이션을 이루고 각각의 역할에 따른 작업을 진행하기 위한 공통의 툴로서 BIM이 위치하도록 한다. 오히려 IPD와 BIM은 일심동체로 기능한다고 다음과 같이 말하고 있다.

"Building Information Modeling(BIM)은 디지털화한 3차원 모델로, 프로젝트 정보와 링크한 것으로 이것은 IPD를 서포트하는 가장 강력한 툴 중 하나이다. (중략) BIM은 툴이었고 그것 자체가 프로젝트를 추진하는 것은 아니다. 그러나 IPD의 기법은 BIM과 함께 기능하고 BIM은 IPD와 함께 툴로서의 강점을 발휘한다." 이 가이드라인에는 이러한 IPD의 이념과 BIM과의 협조관계 등 개념적인 내용 이외에도 IPD를 실제 실행함에 있어서의 상세한 가이드라인이 다음과 같이 기재되어 있다.

- IPD를 실천하는 팀을 만드는 방법
- 팀 내의 역할, 책임, 업무의 분담
- 프로젝트 성과의 평가 방법
- 법적 문제 정리
- IPD 분류
- 구체적인 계약 방법

AIA가 미국 건축 비즈니스의 폐색상황을 극복하기 위해 IPD에 기대하는 것이 얼마나 큰지를 감지할 수 있다. 이처럼 미국에서 고도의 설계를 '빨리, 정확하게' 라고 하는 클라이언트와 사회의 요청에 대해 IPD라는 프로젝트 추진 체제가 모색되고 있다. 그래서 프로젝트 팀 내 공동작업의 공통기반으로서 BIM이 자리 매김하고 있다. 이것은 IPD가 BIM을 필요로 했다고 생각하는 것도 가능하지만 사실 BIM이라는 툴의 출현이 IPD라는 새로운 비즈니스 틀을 창출해냈다고 파악해야 된다고 본다.

BIM이라는 툴이 건축 비즈니스의 틀을 변화시키기 시작한 것이다.

건축 비즈니스가 직면하는 문제

글로벌화에서 다양화와 통합

세계로 눈을 향하면, 건축 비즈니스는 이미 글로벌한 비즈니스가 되어 있다. 그중에서도 미국의 건축 비즈니스는 가장 많이 글로벌화가 진행되어 있다. 2004년 미국 건설 매상액 상위 5개사를 보면 1순위 기업인 Bechtel[49]은 56%, 해외에서 가장 매상 비율이 높은 KBR에서는 90%, 상위 5개사 평균의 44%가 해외에서 매상을 올리고 있다. 그러면 일본의 거대 제네콘에서는 어떻게 되어 있을까(데이터는 2006년), 비율이 가장 높은 다케나카 공무점에서 15% 정도이고, 상위 5개사 평균으로는 8% 정도이다. 일본내 시장 확대를 전망할 수 없는 상황임에도 불구하고 해외비율이 높아짐을 보여주지 않는 것은 어떤 이유일까.

지금까지도 일본내 상황이 침울해지면 제네콘 각사는 해외에 사업 확대를 꾀해온 경위가 있지만, 지금까지의 실적을 뒤돌아보면 이익률은 낮고 국내시장의 축소를 보충할 수 있는 것은 아니었다는 것이다. 이것이 해외 비율이 높아지지 않았던 원인이다.

일본 건축 비즈니스가 제시할 수 있는 비즈니스 모델로는 해외에서의 전개가 어려울 수도 있다. 세계에서 통용되는 새로운 비즈니스 모델과 툴에 의해 세계적 전개를 해야 할 시기가 되었다고 생

49) ©Bechtel
미국에서 본거를 둔, 세계 최대의 엔지니어링, 건설, 프로젝트 매니지먼트 회사, 2007년의 매상액은 무려 30조 엔의 규모로, 세계적으로 절대적인 힘을 가진다고 본다. 일본 거대 제네콘의 매상액이 1조 엔 정도라는 점에서도, 그 엄청남을 알 수 있다. 대통령 선거와 전쟁 등, 미국의 정치적 움직임의 그림자에 반드시라고 말해도 좋을 정도로 Bechtel의 이름이 숨어 있지만, 일반적인 인지도가 상대적으로 낮기 때문에 수수께끼에 둘러싸인 인상을 가질 수 있는 기업이기도 하다.

일본기업이 개발에 참가하고 있는 상해의 푸동지구

각한다. 일본의 건설업이 해외 진출하는데 있어서의 강점은 설계시공 일괄체제의 전통 속에서 키워온 품질관리, 그리고 기술제안력에 있다고 한다. 한편으로 원가 경쟁력, 인재, 그리고 의사결정의 신속함이 결여되어 있다고 하는 지적이 있다. BIM에 의한 실시간 원가관리, 프로젝트 전체 멤버를 통합한 의사결정체제 확립은 제네콘 각사가 해외 진출 전략을 구축함에 있어 단서가 된다는 것은 의심할 여지가 없다.

환경문제에서 다양화와 통합

건축에서 피할 수 없는 것이 환경문제이다. 환경문제를 건축에 받아들이는 구체적인 방법으로는 설계 시 실행할 수 있는 각종 시뮬레이션이다.

중요한 내용은 다음과 같다.

우선은 전체 에너지 절약성을 검토하기 위한 라이프사이클에 있어서 '에너지 소비 시뮬레이션' 이 있다. 그 기반이 되는 것은 '온열환경 시뮬레이션' 이고 건물 외부로부터의 열영향을 근거로 삼는 3차원 공간에서의 시뮬레이션이 주류가 되고 있다. 동시에 '빛 환경의 시뮬레이션' 도 중요한 요소이다. 이전에는 인공조명에 의한 '책상면 조도 시뮬레이션' 정도였지만, 지금은 자연광 이용을 근거로 한 것과 체감조도를 가미한 3차원 공간에 의한 시뮬레이션이 주류를 이루고 있다.

외부공간에서 '바람의 시뮬레이션' 도 이전에는 환경평가와 구조설계상의 필요한 데이터를 얻기 위해 대규모 모형을 작성하고 풍동실험을 실시하는 것이 주류였다. 그러나 최근에는 컴퓨터를 사용한 유체역학 시뮬레이션(Computational Fluid Dynamics = CFD)이 이용되는 시대가 되었다. 이 CFD는 독일에서 처음 시작한 시스템으로 바람의 움직임을 시각화하는 것이 가능하다. 그러기 위해 도시 내의 기류를 근거로 삼는 자연환기를 중시한 시가 만들기와 건축계획을 실시하는 경우 등으로 매우 파워풀한 툴이 되고 있다.

이들의 시뮬레이션을 위한 소프트웨어는 당초에는 대형 컴퓨터를 기반으로 선진적인 대학연구실과 설계사무소, 제네콘 등에 의해 자사개발되고 있었지만 최근에는 PC에서 움직이는 각종 어플리케이션이 판매되고 있다. 이 움직임은 환경선진국인 유럽에서부터 시작되어 미국, 그리고 일본에도 전파되고 있다.

PC에 의해 이러한 시뮬레이션이 가능하게 됨으로써 원가가 대폭 감소되어왔다. 당초에는 선진적 · 실험적인 특수한 프로젝트에 사용되고 있었던 기술을 일반화하여 주택설계 등 극히 일반적인 프로젝트에서도 환경을 배려한 설계를 치밀하고 효율적으로 실시할 수 있는 시대가 가까워지고 있다.

CFD의 사례(환경시뮬레이션 화상제공/닛켄설계)

현 상태에서는 인터넷 검색만으로도 여러 가지 어플리케이션이 손에 들어온다. 문제는 어플리케이션 상호의 데이터 이용이었으나 BIM과 IFC[50]의 등장에 의해 원활하게 되고 있다. 환경을 중요시하는 시대에 어울리는 건물을 만들기 위한 기초적 시뮬레이션이라는 시점에서 부터 봐도 BIM은 건축 비즈니스에 적절한 플랫폼을 제공하고 있는 것이다.

환경 평가기준의 여러 가지

환경에 관계된 큰 움직임의 또 하나는 **'환경평가'**[51]이다.

교토의정서에 관계된 미국의 일련의 움직임에서 미국은 환경에

50) ◎IFC
71페이지 참조

51) ◎환경평가
환경에 대해서 공헌을 점수화하여 채점하는 이른바 환경에 의한 등급을 매기는 것, 최근에는 일정 점수를 획득하지 않으면 건설이 허가되지 않는 구조로 되어 있다. 일본의 CASBEE에 해당한다.

배려가 늦은 것 같다는 인상도 받았지만 실은 세계에서 앞장서서 LEED라는 장치를 운용하고 있었던 것이다.

LEED는 1998년부터 시작된 '미국 그린 빌딩 협회 : USGBC[52) = U.S.Green Building Council' 이 추진하고 있는 환경 배려형 건축의 평가 시스템이다. LEED란, Leadership in Energy and Environmental Design의 약어로 구체적으로는 건축물에 있어서 환경공헌을 점수화하는 것으로 그 점수에 의해 건물 등급을 매겨 평가하는 시스템이다.

평가는 4단계로 다음과 같다.

- LEED Certified – 26~32 points
- LEED Silver – 33~38 points
- LEED Gold – 39~51 points
- LEED Platinum – 52^{+} points

2007년 6월 현재 900건 이상이 Certified 이상의 득점을 획득한 것으로 평가되고 있다. 선진국에서의 움직임과 보조를 맞춰 일본에서도 CASBEE[53)](건축물 종합 환경 성능평가 시스템)이라는 '건축물을 환경성능으로 평가하고, 등급을 매기는' 시스템이 2002년에 탄생하여 운용이 개시되고 있다.

CASBEE의 특징은 다음의 각항이다.

① 건축물의 라이프사이클을 통한 평가가 가능한 것

② 건축물을 환경품질 성능과 환경부하 양방의 측면으로 평가하는 것

③ '환경효율' 이라는 사고방식을 사용해서 건축물을 평가하는 것

---

52) ©USGBC
http://www.usgbc.org

53) ©CASBEE
http://www.ibec.or.jp/CASBEE/

특히 ③의 '환경효율'에 관해서는 BEE치(Building Environment Effciency)에 의한 평가가 되지만 그 평가는 다음에 기술한 5개의 등급을 매기게 되어 있다.

① S급 - 매우 훌륭하다
② A급 - 대단히 좋다.
③ B(+)급 - 좋다.
④ B(-)급 - 조금 떨어진다.
⑤ C급 떨어진다.

또한 CASBEE에서는 건물의 라이프사이클에 맞게 4개의 평가툴을 설정하고 있다.

① CASBEE-기획 프리디자인단계(디자인전단계) 평가
② CASBEE-신축 설계단계 평가
③ CASBEE-기존 운용단계 평가
④ CASBEE-개보수 운용을 거친 개보수 시점에서의 평가

또, 건물의 종별과 상황에 맞게 기본 툴을 확장한 팽대한 툴군을 가지고 있고, 이를 총칭하여 CASBEE 패밀리라고 한다.

CASBEE는 가능한 한 정량적인 평가를 시험하고 있으나, 그 한편에서 정성적인 평가항목도 포함되어 있기 때문에 'CASBEE 건축평가원 등록제도'를 설치하여 적정한 평가와 운용을 꾀하고 있다. 3차원의 건축정보 데이터베이스인 BIM이 이 CASBEE와 제휴를 원활하게 꾀할 수 있으면 설계 시에 CASBEE평가의 상황을 바르게 또 민첩하게 설계에 반영하는 것이 가능하게 된다. 게다가 보다 고도의 시뮬레이션을 CASBEE에 짜 넣는 것도 설계자의 노력을 줄일 수 있다. BIM은 환경평가 시스템상에서도 성격이 서로 맞는 좋은 시스템이라고 할 수 있을 것이다.

전자데이터의 표준화를 향하게 하는 움직임

1982년 헝가리의 Graphisoft사는 '스마트 오브젝트' 라고 불리는 건축부품을 짜 맞춰서 PC상 가상공간 속에서 '가상의 빌딩' 을 구축하는 것으로 건축설계를 진행하는 방법을 생각하고 있었다. 이 생각을 기초로 개발된 것이 ArchiCAD이다. 이것들이 오늘날 BIM에 이르는 건축에 있어서 실천적인 의미에서 IT화의 싹틈이고, 지금 건축 비즈니스의 틀을 변혁하려는 큰 물결의 시작이었다고 생각한다. 그리고 한 회사의 독자적 움직임으로는 한계가 있으므로 여러 회사의 어플리케이션 사이에 자유로이 데이터를 주고받아 상호 이용이 가능하도록 해야 한다는 움직임이 시작된다.

이러한 움직임 속에서 IAI[54] 노력의 결집으로 등장한 IFC이지만 최근 상황에 관해서는 여기서 언급해 두고자 한다. 2008년 도쿄에서 개최된 IAI 국제회의에서는 IFC의 ISO화에 관한 로드맵이 발표되었다.

ISO란 '국제 표준화기구 : International Organization for Standardization' 의 약자로, 공학 분야에서 국제규격을 작성하기 위한 민간 비정부 조직이다. 여기서 규격화는 세계에서 사실상의 표준이 될 수 있는 하나의 시금석이기도 하여 IAI에서는 당초부터 IFC의 ISO화를 주시한 활동을 전개해왔다. 이러한 상황에서 IAI의 노력이 결실을 맺고 있다. 최단기로 2009년에 IFC가 ISO화된 상황을 보인 것이다. ISO화에는 2008년 가을에 기본판이 발표되어 발매된 IFC2×4가 기반이 된다는 정보가 있지만, 결국 IFC가 ISO화된 것으로 IFC의 국제표준으로서의 자리매김이 높아지고 글로벌한 BIM 추진에 박차를 가하는 것이다.

---

54) ◎IAI
71페이지 참조

일본 건축 비즈니스계에 있어서 IT화의 상황

해외 여러 나라가 BIM을 시작으로 한 건축 비즈니스의 본격적인 IT화를 향해서 움직이고 있는 한편, 일본 내의 건축 비즈니스에서 IT화 상황은 어떻게 되고 있는 것일까.

건축 비즈니스 자체는 도입부에서 언급한 대로 비참한 상황이고, 정체되어 있다. 한편 IT화에 관해서는 꽤 빠른 단계부터 시작되고 있지만 유감스럽게도 IT화를 엄격하게 진행하기 위한 연구는 진행된 부분의 실천적 측면에서의 훈련이 결여되어 있다. 이 때문에 CALS/EC[55]도 3차원 CAD도 정식무대에서 훌륭한 활동을 나타낼 수 없었다. 일본에서는 IT화에 의한 건축 비즈니스 개선의 가능성이 없는 것일까.

2차원 CAD의 이용 상황

십수년간 일본의 건축설계와 건설의 세계에서 IT화가 전혀 진행되지 않았던 것은 아니다. 실천적 측면에서는 '사용할 수 있는 곳부터', '편리한 곳부터' 2차원과 3차원의 디지털화가 서서히 진행되어 오고 있었다는 것이 실태이다. 우선 건축설계의 상황을 보면, 최근 10년간 설계 작업은 거의 100%, 손으로 그리는 것에서 2차원 CAD로 이행되었다. 오늘날 손으로 그린 실시 설계도를 본다는 것은 매우 어렵고, 대형 프로젝트에서는 거의 전무하다.

실시설계만이 아니다. 디자인을 진전시키는 단계에 있는 기본

55) ◎CALS/EC
67페이지 참조

설계에서도 CAD도면이 많은 상황이다. 불과 10년 전까지만 해도 'CAD가 설계능력을 손상시킨다' 라는 논의가 진지하게 이루어지고 있었지만, 그 진위의 정도는 어찌되었던 간에 사실 2차원 CAD는 많은 건축가에게 필수불가결한 디자인 툴이 되고 있다. 그럼 IFC제정의 계기가 된 CAD 데이터의 호환성과 상호 이용에 관해서는 어떤 상황일까.

2차원 CAD가 설계에서 사용되기 시작한 초기에는 데이터의 상호 이용은 극히 곤란했었지만 실제로는 '재이용이 쉽다' 고 느낀 사람들이 사소한 문제점은 잘 해결한 셈이다. 설계자로부터 2차원 CAD정보가 시공자에게 넘어가고, 종합도가 제작되고, 마지막에는 준공도로 되어 데이터가 다시 사용되고 있는 상황은 이미 일반화되었고, 1993년에는 JIA(일본건축가협회)에서 'CAD데이터 교환 가이드라인' 이 발표되었다.

경험상 1995년 이후에 관계된 프로젝트의 거의 대부분이 2차원 CAD에서 기본설계와 실시설계를 실행하고 있다. 따라서 모든 프로젝트에서 우리 설계자측이 작성한 CAD데이터를 시공자측과 주고받고 그 데이터는 종합도와 시공도에 재이용되고 있다.

또 프로젝트 완료 후에 시공도와 준공도의 데이터를 다음 설계자가 양도받아 출판 등의 도판작성 시 데이터로 이용하는 것도 극히 일반화되었다. 이와 같이 생각하면 IFC가 어느 정도 정비되어 데이터의 원활한 상호 이용을 위한 준비가 구비된 현재는 3차원 CAD 보급을 위해 이상적인 상황이라고 말할 수 있다. IFC의 정비에 의해 설계자가 사용하기 쉬운 3차원 CAD로 설계를 실행해도 시공자는 그 데이터를 어려움 없이 납득할 수 있게 되고, 그 데이터를 시공에 맞는 CAD상에서 사용하면 좋은 시대가 된 것이다.

3차원의 실천과 가능성

다음은 본 주제인 3차원 CAD이용의 실태를 알아보자.

프레젠테이션 분야에 관해서 말하면 이미 3차원은 당연한 툴로 되어 있다. 대부분의 경우 설계자는 2차원 CAD 정보를 기초로 하여 form-Z[56]와 3ds Max[57] 등의 이른바 '3차원 모델러'라고 불리고 있는 소프트웨어로 모델링(3차원의 형상을 만드는 것)을 실행한다. 이 데이터를 다음에 렌더라고 불리는 소프트웨어(form-Z와 3ds Max도 렌더 기능을 갖추고 있다. Max는 렌더 도구로서의 성능쪽 평가가 높다)에 옮겨서 사진과 같은 CG를 작성하고 있다.

CG를 사용한 프레젠테이션에서는 생각하지 않은 곳으로부터 설계작업의 국제분업화도 시작되고 있다. 디지털 데이터의 특성과 지리적 경제성을 이용하여 일본 내에서 사용하는 프레젠테이션용 CG와 영상, 인터넷을 이용해 중국에서 제작하는 것도 이제는 특수한 일이 아니다. 시차를 이용하면 효과는 보다 부각된다. 예를 들면 아르헨티나와의 공동작업을 보면, 일본에서 그린 스케치를 시차가 있는 아르헨티나 등의 설계사무소에 보내고, 일본이 한밤중일 때 아르헨티나에서 CG를 작성하고, 아침에는 인터넷으로 일본에 데이터를 돌려준다. 그러면 일본에서는 새벽에 그 데이터를 받아서 프레젠테이션을 위한 마지막 레이아웃 작업을 진행한다.

---

56) ◎form-Z

퍼스널 컴퓨터 상에서 작동하는 건축용 3차원 CAD소프트의 개척자 적인 존재로 지금까지 CG작성의 기반이 되는 모델링에서는 폭넓게 사용돼 왔다. 통상 3차원의 CAD는 형상을 판상의 표면에서 둘러싸인 도형 「Surface Model」로서 다루지만 form-Z는 3차원 도형을 내용물이 꽉 찬 「Solid Model」로서 다루는 것이 특징이다.

57) ◎3ds Max

AutoCAD와 Revit을 개발하고 있는 미국의 Autodesk사의 3차원 컴퓨터 그래픽 소프트. 풍부한 플러그인에 의해 여러 가지 기능을 확장하는 것이 가능하기 때문에 영화와 영상의 세계에서 대단히 폭넓게 사용되고 있는 소프트웨어이다. 건축에 있어서도 CG를 작성할 때는 대단히 많은 유저에 의해 사용되고 있다. 단 치수와 문자 데이터 등의 기능에 관해서는 약하기 때문에 3차원 CAD로서 사용되는 경우는 거의 없다.

SketchUP의 화면(노무라 공예사 본사빌딩 야마나시 토모히토+아시다 토모유키+카츠야 타케유키/닛켄설계)

이러한 24시간 동안 세계를 가로지르는 시도가 본격화되면 디지털 데이터가 아니고는 새로운 작업환경을 구축할 수 없다. 이제 설계작업에서는 SketchUp[58] 등 간단하게 사용하기 쉬운 3차원 소프트웨어로 디지털 스케치를 설계자 자신이 하는 것이 당연시되고 있다.

---

58) ©SketchUp

미국의 Google사가 개발한 3차원의 스케치 소프트웨어로 유상 판 이외에 Web상에서 배포하고 있는 무상 판이 있다. 정식 명칭은 Google SketchUp. 스케치용 소프트웨어라고는 하나 간단하고 가볍고, 쾌적한 조작감, 치수 기입 등 건축설계에 필요한 기능을 확보하고 있기 때문에 건축가의 사이에서도 많은 유저가 있다. http://sketchup.google.co.jp/ 또한, 매뉴얼에는 아래 이외 다수의 것이 출판되어 있다.「Google SketchUp 슈퍼매뉴얼, 일본실업출판사, 야마나시 토모히코」

여기서 채택하고 있는 3차원 소프트웨어는 3차원 정보(형태)만 가지고 있을 뿐 그 외에 건축정보를 가지고 있지 않기 때문에 엄밀히 말하면 BIM에서 채택하고 있는 오브젝트 CAD와는 다른 것으로 취급되고 있었다. 다만, 이러한 CAD를 설계자 자신이 사용할 기회가 늘어남으로써 설계자의 3차원 설계 조작 능력은 높아지고 있다.

설비설계에서도, 특히 환경 시뮬레이션이 3차원으로 이행되고 있는 상황은 앞에서 기술한 대로이다. 풍환경과 온열환경의 시뮬레이션은 상당히 보편화되어 통상의 설계업무에서도 시뮬레이션에 의한 검토가 진행되고 있다. 대학의 설계과제에서도 이들 시뮬레이션을 도입한 수업도 등장했다.

구조는 건축설계와 설비설계에 비해 구조계산상의 필요성 때문에 가장 빠르게 3차원으로 이행되고 있다. 또 해석 결과를 3차원에서 가시화하는 기회도 증가하고 있으며, 건축전문잡지 등에서도 여러 차례 시각력 응답해석의 도면 등, 여러 종류의 구조해석도가 등장하는 시대가 되고 있다.

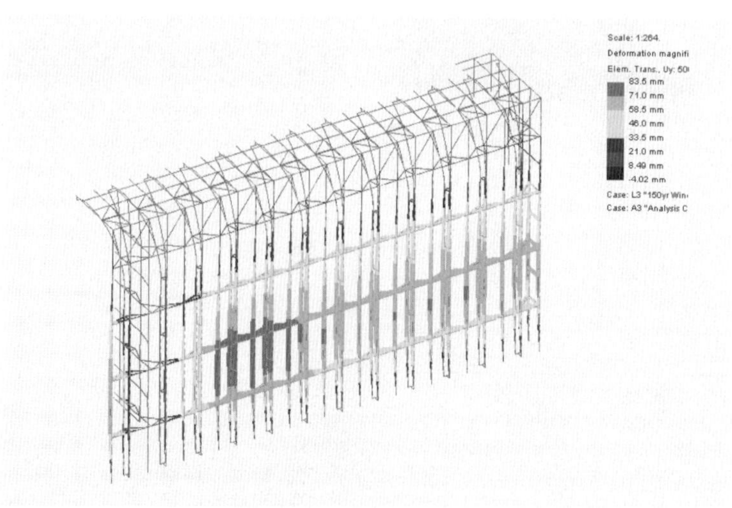

풍력에 의한 구조재의 변형 시뮬레이션(자료제공/닛켄설계)

설계뿐만 아니라 시공측에서도 3차원 CAD에 의한 시공도 작성이 실행되고 있으며, 2006년 이후 여러 현장에서 CAD를 채택해서 좌표점을 산출한 시공을 실행하고 있다.

또, 콘크리트 거푸집은 예상보다 더 3차원 CAD화가 진행되는 분야로서 복잡한 형상의 거푸집을 공장에서 정확하게 미리 잘라서 작성한 후 현장에서 분주하게 작업하는 상황을 자주 봐왔다. 이처럼 설계와 시공에서의 CAD이용은 거의 100% 가까이 3차원 설계로 사용되고 있다. 또 데이터를 설계자측과 시공자측이 상호 이용하고 있는 상황이 일부이지만 이미 실무에서 실천되고 있다.

원가의 투명성 추구

세계적 추세는 설계 · 시공의 종합화 방향으로 흐르는 한편, 원래 '설계 · 시공 일괄' 이 대부분을 차지해온 일본에서는 버블 붕괴 후 설계 · 시공 일괄 수주 비율이 감소하고 있다. 언뜻 보기에는 이

복잡해보이는 형태에 있어서도 거푸집의 3차원화가 진행되고 있기 때문에 정확도 높은 시공이 가능하게 되어 있다.(토우 호우 ANNEX 야마나시 토모히코+마키노 켄고+카츠야 타케유키/닛켄설계)

상한 느낌도 들지만 설계 · 시공 일괄 수주 비율 감소의 원인은 앞장에서 기술한 것처럼 Design Build의 단점인 '가격의 불투명성'과 지금까지 일본 고유의 설계 · 시공 일괄체제가 클라이언트의 시점에서 겹치는 부분이 많아 보이기 때문일 것이다.

예전에는 클라이언트와의 사이에 두터운 신뢰관계를 쌓아 그 신뢰를 구축해온 일본형 설계시공 일괄 방식이었지만 생각해보면 일본의 건설원가는 세계에서도 단연 높은 상황이 되므로 클라이언트측은 가격의 투명성을 강하게 요구하는 시대가 되었다. 이러한 클라이언트가 원가의 투명성을 요구하는 시대에 앞서 기술한 것처럼 '내진강도 위장 문제'가 발각됐다. 그에 잇달아 발생한 여러 가지의 시공 상의 좋지 않은 상태가 겹쳐 설계시공 일괄체제의 나쁜 측면이 떠오르는 상황이 되었다. 그로부터 BIM을 활용한 투명한 원가 책임 문제가 명확히 되는 건축 비즈니스의 새로운 구도가 요구되는 시대가 된 것이다.

지금까지는 BIM을 사용하면 설계와 동시에 수량이 산출되고 실시간으로 원가를 적산할 수 있다. 이러한 실시간 적산이 원가의 투명성으로 이어지는 것이다. 물론 제네콘 각사도 방관하지만은 않는다. 카지마 건설과 마에다 건설공업 등은 문제가 표면화되기 이전부터 설계 · 시공 일괄체제를 살린 설계도서를 시공시 돌려 사용하는 것과 자동적산에 의한 원가산출의 신속화 등을 노린 3차원 오브젝트 CAD를 채택한 도전이 계획되어 왔다.

지금까지 주류라고는 말할 수 없었던 이들의 움직임을 시대의 흐름인 원가 투명화의 움직임과 일치시키면 타사에 앞서 일본형 BIM과 IPD를 리드해 갈 가능성은 높아질 것이다.

대형개발에서 환경평가 자리매김의 변화

대규모 개발에서 지금까지는 녹화와 공지율이라는 것이 수치에 의한 지도를 받는 경우였으나 최근에는 환경상의 수치 목표를 지도받는 경우가 증가하고 있다. 오사카시와 고베시를 시작으로 많은 지방 공공단체가 대규모 건축물 계획시 CASBEE 기준에 의한 채점 제출과 공표를 의무로 부과하게 되었다. 환경평가를 채택한 건축물의 유도와 지도가 시작된 것이다.

또 도쿄도는 도시재생 특별지구제도를 활용한 대규모 도시개발을 대상으로 지역단위로 온실효과 가스배출 억제를 제도화하는 검토를 개시하고 있다. 구체적으로는 CO_2의 배출 억제와 수치 목표를 포함시키거나 CASBEE에서의 평가 순위를 지도하는 방향으로 하고 있다. 그런 상황에서 2008년 6월 도쿄도 치요다구는 CO_2배출량의 감소수치 목표를 포함시킨 지구개발계획을 전국에서 처음으로 결정했다.

이것은 JR이이다바시역 서측에서 진행되고 있는 후지미 2-10번 지구 시가지재개발사업에서 미대책으로 건설이 진행된 경우에 비해 4할의 CO_2 감소를 위한 계획이고, 도시계획에 CO_2 감소를 시책으로 포함시킨 사례로서 주목을 모으고 있다. 이후 같은 수치 목표가 대규모 개발에서 요구된 시초의 프로젝트일 것이다. 이러한 대규모 프로젝트에 있어서 도시계획은 건물의 상세한 설계가 시작되는 초기 단계에서부터 결정된다. 이전의 설계절차에서는 환경에 관계된 시뮬레이션은 비교적 설계 후반에 급히 하는 경우가 많았고, 도시계획결정 시점에서는 사업 성립성 면에서 중요시 하고 있는 바닥면적과 유효율에 관계된 측면에 중점을 둔 검토가 되고 있었지만 현재에는 도시계획 결정내용에 환경이 큰 비중을 차지하게 되었다.

그 환경적 특성은 건물의 외관과 밀접한 관계를 가지며, 이에 더해 경관 중시의 시대를 맞이하여 건물의 외관도 상당히 앞선 단계에서 행정에 대해 준비할 필요가 있었다.

외관의 디자인은 클라이언트의 합의 형성상 절정이기도 하고 지금까지는 가장 많은 시간을 들여 검토가 진행되고 있었던 프로세스이다. 그것이 계획의 상당한 초기단계에서 건물의 외관을 보이고 그 환경상의 특성을 시뮬레이션하여 CO_2 감소량을 구축해가는 고도의 디자인 프로세스가 필요한 것이다. 이러한 상황에서 설계와 동시에 각종 환경 시뮬레이션을 원활히 실행할 수 있는 편리성은 높다. 도시계획측이 요구하는 예정을 앞당긴 건설에서도 BIM은 필수불가결하다고 말할 수 있다.

일본의 건축 비즈니스에서도 IT화에 의한 변혁을 받아들일 자세가 되어 있다. 일부에서는 이미 BIM 영역에 발을 내딛고 있다라고도 한다. 필요한 것은 클라이언트, 설계자, 시공자, 전문메이커, 관리자 등 건축 비즈니스의 관계자가 BIM이 가져오는 효과를 명확히 이해하는 것이다. 이러한 이해가 있다면 일본에서도 BIM화가 급속히 진행될 것이고 일본 건축 비즈니스계의 양상은 크게 변할 것이다.

제 5 장

BIM이 선도하는 세계의 상황

BIM의 국제적인 실천상황

세계에서 BIM을 실천하는 아래의 움직임이 시작되고 있다.

◎ 클라이언트가 추진하는 BIM

◎ 설계사무소가 추진하는 BIM

◎ 실험적인 BIM

◎ 소프트웨어 사업자 입장에서의 BIM

◎ BIM의 「플랫폼」이 되는 소프트웨어의 등장

◎ BIM의 표준화

◎ 신청 툴로서의 BIM

◎ 디자인 툴로서의 BIM

미국을 시작으로 해외 여러 나라에서는 일본보다 먼저 BIM을 도입함으로써 실적을 점차 늘려가고 있는 사례가 다수 있다. 일본에서의 BIM 실천을 위해 이들 여러 나라에서의 BIM 실천 상황을 알아두는 의미는 크다. 여기서 미국에서의 BIM 상황에 더해 유럽과 아시아 여러 나라 등에서의 BIM 실천상황을 살펴보고자 한다.

미국의 BIM 상황

미국은 BIM의 발상지이기도 하고 선진국이기도 하다. 미국에서는 현재 실천적 BIM, 데모 색채가 강한 실험적인 BIM, 그리고 BIM의 표준화와 다양한 BIM이 동시에 병행하여 전개되고 있다.

클라이언트가 추진하는 BIM

지금까지 언급한 것처럼 설계자와 시공자의 입장보다는 발주자 측으로부터 BIM을 추진해온 사례에 관하여 소개하고자 한다. 이들은 BIM에 의한 프로젝트 추진이 클라이언트에게도 유익하다고 보는 것으로 나타난다. 동시에 미국 건축 비즈니스의 구도에도 변화가 나타나기 시작한 구체적인 사례이기도 하다. 미국의 '연방조달청 = GSA[59](General Services Administration)' 은 일본의 국토교통성 건축영선부에 해당하는 곳이다. 이 GSA가 건축공사 등의 사업

59) ©GSA
http://www.gsa.gov/

발주 시에 BIM을 사용하는 것에 대해 매우 적극적인 움직임을 보이고 있는 곳이다.

GSA는 1949년에 설립되어 정부의 필요물자, 정보통신, 오피스 등의 시설공급을 실행하고 있는 거대조직으로 12,000명의 인재를 거느리고 있다. 그 실태는 무려 8,300건, 3,300만m²의 부동산과 연간 **1조 엔의 건설예산**[60]을 부담하는 거대 디벨로퍼라고 할 수 있다. GSA는 2003년 여름부터 BIM의 평가와 유효성을 확인하기 위한 실증실험을 Pilot Project[61] 내에서 실행하고 있다. 평가 결과 BIM의 유효성을 확인할 수 있었던 것으로서 2006년도 예산 프로젝트부터 BIM 제출의 의무를 갖게 되었다.

GSA에 의하면 실증실험에서 다음 각 항과 같은 BIM의 유효성을 확인할 수 있었다고 한다.

① 기존 빌딩의 개축에서는 기존 건물을 3차원 레이저 스캔을 실시한 모델과 설계의 BIM을 비교하는 것으로 구조벽의 잘못된 배치를 조기에 발견할 수 있었기 때문에 대폭적인 원가절감이 가능하게 되었다. 이른바 기존 빌딩 개보수에서의 **간섭발견**[62]이다.

② BIM에 의해 파사드 디자인상의 에러를 조기에 발견했기 때문에 계약 원가의 변경 없이 문제로부터의 회피가 가능했다. **가시화**[63]에 의한 설계오차의 조기 발견이다.

---

60) ◎건설예산 1조 엔의 거대함

일본은 슈퍼 제네콘이 1년간에 수주하는 공사의 공사비 환산 합계가 대략 1조 엔, 거대 디벨로퍼의 발주 금액이 2000억 엔 정도라고 한다. GSA의 년간 건설예산이 얼마나 큰 것인지 알 수 있다.

61) Pilot Project (역자주)

본 프로젝트에 앞서 시험운영을 통해 효과 및 문제점 여부를 검토하기 위한 시험으로 본 프로젝트 진행시 상황을 예측해보는 것

62) ◎간섭발견

일본어로는 간섭체크라고 부르는 경우가 많다. 건축의 부재가 상호 미조정 상태로 서로 부딪히고 있는 상황을 간섭이라고 부르고, 그 상황을 찾아내는 작업

63) ◎가시화

보이지 않는 것, 보기 어려운 것을 「가시화」하는 것. BIM의 특징인 사용상에서의 장점 중 하나.

③ BIM을 사용하여 바닥면적, 유효면적, 개구부 비율 등을 조기에 확인할 수 있기 때문에 빌딩 건설 기준과의 정합을 쉽게 도모할 수 있었다. BIM에 의한 효율적 공간계산과 검증 프로세스의 사례이다.

④ 16기로 분할한 내진보강공사에서 BIM상에서 시계열(시간의 경과에 따라 확률적인 현상을 관측해서 얻은 값의 배열)의 건설연구를 실행한 것으로 전체 19%의 원가절감을 실현했다. 이른바 시간축을 더한 4D[64]로서의 BIM 이용 사례에 해당한다.

⑤ 역사적 건조물의 개보수 프로젝트에서 일조 연구를 건조물의 가이드라인과 정합을 취하면서 실행하는 것이 가능했으며, BIM모델에 의한 법규 체크 등 합리화의 사례이다.

이외에 에너지 효율화 등 여러 가지 BIM의 효과를 확인할 수 있었다고 한다. GSA가 BIM의 전면적 채용으로 움직인 것이 오늘날 미국 BIM의 방향성을 결정지었다고 할 수 있다.

설계사무소가 추진하는 BIM

미국 내에서 설계자 입장에서의 BIM 추진에 관하여 최근 수년간, 많은 보고가 이루어지고 있었다. 예를 들면, KPF와 Morphosis와 같은 디자인에 무게를 둔 대형 사무소에서도 BIM은 극히 전략적임과 동시에 디자인상에서도 효과적으로 받아들였다. 미국의 설계사무소가 실천적으로 추진한 BIM의 실태에 관해서는

---

64) ◎4D
CAD의 세계에서는 건설 스케줄이라는 공정을 가리키는 의미로 사용한다.

2008년에 출판된 「Green[65] BIM」이 참고가 된다.

캔자스주에 기반을 둔 BNIM Architects의 2명의 건축가(Project Architectural와 지속가능 디자인 컨설턴트)의 집필에 의한 이 책에서는 BIM을 활용한 환경건축으로의 실무적 대처에 관하여 상세히 소개했다. 우선은 환경건축(Green Building)에 관한 소개가 있고 BIM이란 무엇인가, 그리고 BIM을 실천하기 위한 팀 구성이 IPD의 사고방식에 맞게 소개되었으며, BIM과 환경건축으로의 대처에 대한 실례가 소개되고 있다.

이 중에서 소개되고 있는 BIM 이용의 주된 내용을 보면, 일본에서도 관공청이 물품을 구입할 때 환경을 고려한 구입을 실행하는 시책을 'Green 구입' 이라 하고 있다.

① 빌딩의 배치에 관한 연구

빌딩을 배치하는 방위를 바꾸는 것으로 에너지 소비에 어느 정도의 변화가 나타날까에 대한 연구에 BIM모델을 사용하고 있다.

② 빌딩의 외장에 관한 연구

외장에 유리를 어느 정도 사용하면 효율적인 주광이용이 가능할지에 관한 연구를 소개하고 있다. 그 외 절수, 에너지 소비, 자연에너지 이용, 지속가능한 소재의 이용 등, 환경배려형 건물을 설계할 때 BIM의 이용에 관한 구체적인 방법을 가리키고 있다.

실험형 BIM Storm

BIM의 본질인 협력과 IT화에 의한 빠른 진행이라는 강점을 인터넷을 통해 데모로 보여주고 있는 사례가 있다. 이것은 미국 건축

65) ◎Green
여기서 말하는 Green이란 식물이 아니고, 환경을 의미하고 있다. 따라서 Green BIM이란 환경 BIM을 말한다.

가 중 국제적 BIM의 멘토이기도 한 오누마 씨가 선도하는 'BIM Storm' 이라는 BIM을 이용한 실증실험이며 BIM의 실험적 접근의 예를 볼 수 있을 것이다.

BIM Storm이란, 가상의 부지에 인터넷을 통해 세계로부터 가상의 제안을 모집하는 것으로 BIM을 사용한 실시간 건축계획대회이다. 닛케이 BP의 기획편집 위원이고, BIM에 관해 조예가 깊은 이에이리 류우타 씨의 표현을 빌리면 BIM을 사용한 이 시도는 '건축계의 F1레이스' 정도로 볼 수 있을 것이다. 참가자는 디자이너, 구조해석자 등이 팀을 짜고 주어진 부지와 과제에 대해서 24~48시간이라는 제한된 시간 안에 건축계획의 제안을 실행한다.

세계 각국으로부터 다수의 팀이 참가하여 BIM을 이용한 설계경기를 실시하는 것이다.

이러한 상황은 인터넷을 통해 실시간으로 세계로 전달되고 마지막에는 참가자의 작품 중에서 상을 수여한다는 것이 일련의 흐름이다. 참가자에게 부과시킬 수 있는 유일한 룰은 데이터 교환을 IFC로만 행한다는 것, 역으로 말하면 IFC가 읽고 쓸 수 있는 소프트웨어라면 어떤 소프트웨어라도 BIM Storm에 참가할 수 있는 것

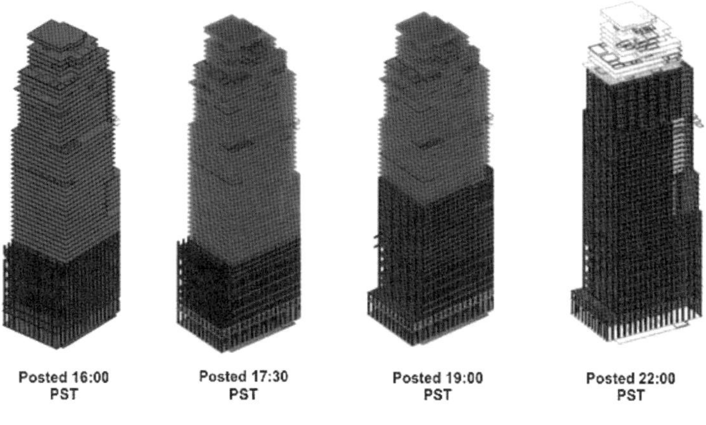

BIM Storm에서 시간마다 설계 밀도가 높아져가는 모습(image courtesy Onuma Inc.)

BIM Storm 참가팀의 모습(image courtesy Onuma Inc.)

이다.

이 BIM Storm의 특징은, 지금까지는 적어도 수 주간, 수개월을 필요로 하던 디자인, 해석, 시뮬레이션 등의 설계 프로세스를 BIM을 사용함으로써 1~2일 사이에 응축한 것을 콤페형식으로 보여주는 것에 있다. 건축 비즈니스를 변혁하는 BIM의 자극적인 데모인 셈이다. 오누마 씨의 홈페이지에 있는 BIM Storm 부분을 보면 지금까지의 개최 실적과 최신 개최 예정을 볼 수 있다.

http://www.onuma.com/services/BImStor.php

2008년 정보만으로도 다수의 BIM Storm이 리스트업되어 있다. 2008년 5월 14일 보스턴에서의 AIA총회에서는 오누마 씨의 강연 중에서 BIM Storm의 서버가 개방되고 출석자가 자신의 PC와 PDA(휴대용단말기)로부터 서버에 액세스하여 실시간으로 입력한 정보를 기초로 BIM모델이 화면 속에 구축되는 데모가 실행되었다.

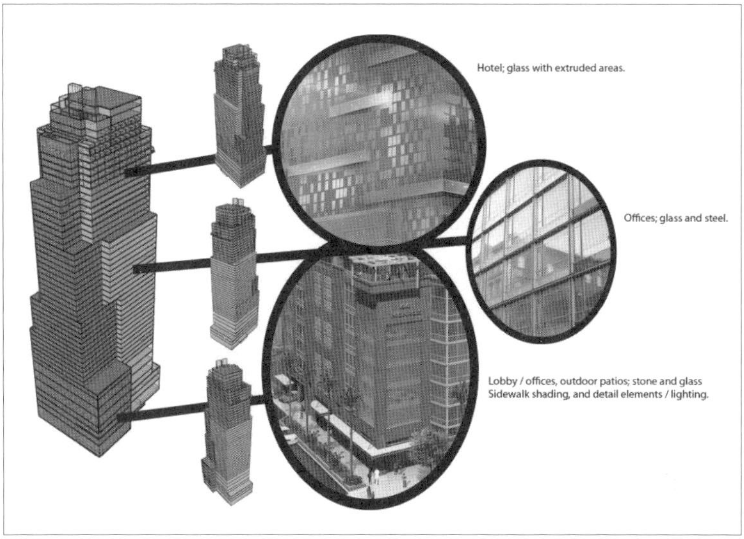

BIM Storm에서 외장검토의 예(Onuma Inc.)

완성한 건물 정보를 Google Earth상에 배치하여 주변 건물과 함께 표시한 상황(Onuma Inc.)

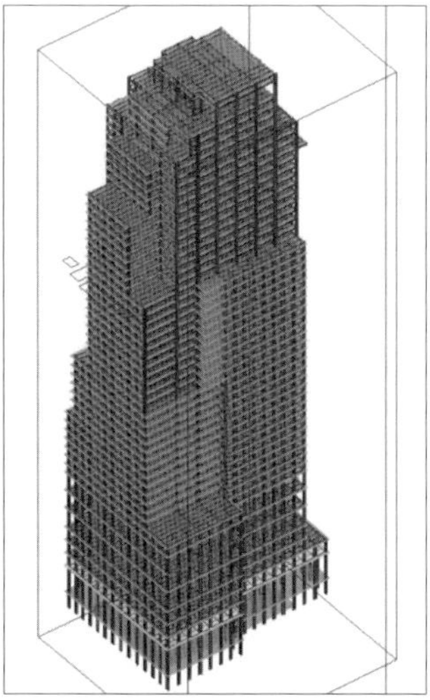

BIM Storm에서 구조검토의 예(Onuma Inc.)

필자도 실제로 스마트폰을 이용하여 서버에 액세스해 모델이 화면에 나타나는 상황을 실시간으로 즐길 수 있었다. BIM이 얼마나 간단하고 누구나 참가 가능한지를 보여준 인상적인 프레젠테이션이었다. 2008년 6월 24일부터 26일에 걸쳐 개최된 BIM Storm 런던에서는, 일본에서도 참가자가 나타나 첫 출전이면서 심사위원상 수상이라는 결과로 이어졌다. 참가기업은 다음과 같다.

- SECOM 주식회사
- IAI일본 Task Force
- 타이세이건설 주식회사
- BIM Architects
- 주식회사 환경 시뮬레이션
- 다이와 하우스 공업 주식회사
- 주식회사 다이테크

BIM에서 사용되고 있는 주요 소프트웨어

Building Information Model

소프트웨어 사업자의 움직임

BIM 실무에서는 소프트웨어가 필수불가결하다. BIM의 본고장 미국에서는 어떤 소프트웨어가 실제로 사용되고, 그들 소프트웨어의 BIM에 대한 자세는 어떤 상황에 있는 것인가. 미국에서는 AutoCAD를 잡고 있는 Autodesk사가 있어서 BIM을 강력히 추진하는데 일익을 떠맡고 있다. AutoCAD는 건축용 2차원 CAD 표준의 지위를 획득하고 있는 소프트웨어이다.

Autodesk사는 AutoCAD의 연장선상으로 3차원 CAD에 가까워진 Architectural Desk Top과 CG 소프트웨어의 표준이라고 해도 좋은 3ds Max 등을 제공하며 3차원 분야에서도 적극적인 자세였다. 따라서 2002년에는 Revit[66]이라는 건축용 3차원 CAD시리즈를, BIM을 뒷받침하는 기본 툴로서 판매를 개시했다. Revit은 건축용 3차원 CAD에서도 표준을 겨냥한 Autodesk사가 자랑하는 소프트웨어이다. 현재는 건축설계용 패키지 외에 구조설계용, 기기설비 및 전기설비설계용 패키지를 판매하고 있다.

Autodesk사의 필 번스하인 부사장은 세계적으로 유명한 시저펠리 사무소에서 실무경험을 쌓은 건축가이기도 하다. 자신이 그 실무경험을 바탕으로 BIM을 강력히 후원하고 있으며, 그 결과 Revit은 BIM 소프트웨어로서 후발이면서도 지금은 3차원 CAD의 세계에서 앞서가고 있는 Graphisoft사의 ArchiCAD[67]와 Bentely Systems사의 MicroStation[68]과 함께 주요한 소프트웨어로 미국의 BIM 관계자에게 인지되기에 이르렀다.

또 Autodesk사는 BIM을 넓히는 일환으로 Revit BIM Experience상을 마련하여 BIM을 홍보하는 등 회사를 걸고 적극적인 체제로 BIM에 몰두하고 있다. 이에 덧붙여 최근에는 여러 가지 소프트웨어가 작성한 데이터를 BIM을 위해 모은 플랫폼의 역할을 완수하는 'Navis Works'를 매수하여 BIM을 지원하는 충실한 상품군을 골고루 모아 일거에 BIM 주변 소프트웨어의 중심이 되는 부분을 잡는 체제로 힘차게 나아가고 있다.

---

66) ◎Revit
일본에서도 이미 발매되고 일부에서 열심히 유저를 낳고 있다. 2007년, Revit 사용자그룹 Japan이 결성되어 Revit을 사용한 건축의 3차원 모델 작성 순서의 가이드라인 작성을 실행하고 있다. 당연히 여기서의 활동도 BIM을 주시 하는 것으로 BIM보급을 위한 유저 중심의 활동을 실행하고 있다. http://www.revitjapan.com

67) ◎ArchiCAD
헝가리에 본사를 둔 Graphisoft사가 개발하고 있는 3차원 CAD이다. 자세한 내용은 161페이지 참조

68) ◎MicroStation
미국에 본사를 둔 Bentley Systems사가 개발하고 있는 3차원 CAD이다.

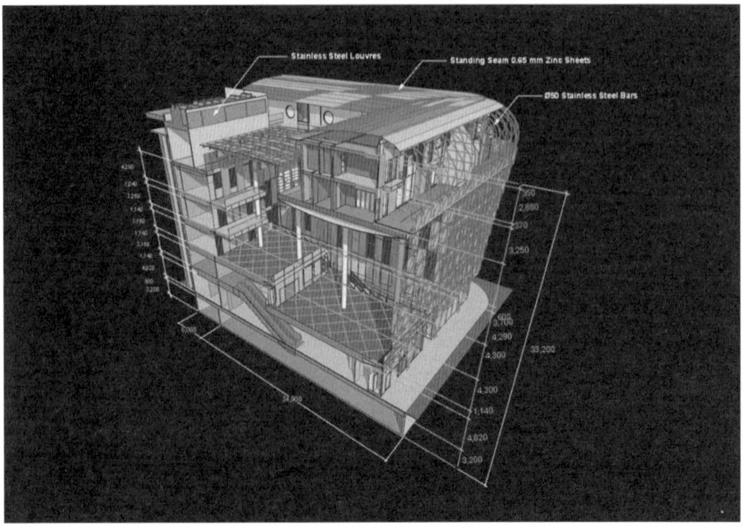

ArchiCAD에서 작성한 3D다큐멘트(화상제공/Graphisoft사)

유럽에서 태어난 ArchiCAD는 미국에서도 Revit과 나란히 인기를 자랑하고 있는 BIM 소프트웨어이다. ArchiCAD는 GDL이라는 3차원 도형을 표시하는 언어체계를 갖추는 등 원래 확장성이 강하다는 특징을 가지고 있기 때문에 자사 소프트웨어와의 제휴를 생각한 사용자에게는 강한 지지를 받고 있다. 그리고 무엇보다도 최신 버전12에 이르기까지 긴 역사가 쌓아 올린, 두터운 사용자층으로부터의 피드백에서 여러 가지 개량에 의해 실천적 툴로서의 안정성이 극히 높은 소프트웨어이다.

일본에서 인기가 높은 VectorWorks[69]도 3차원 기능을 충실히 하여 BIM툴로서의 성격을 강화시키는 것 같다. 이외에도 건축설계에서는 Bentley Systems사의 Microstation 등이 사용되고 있고, 또 보다 디자인 성향이 강한 형태를 지향하는 디자이너 사이에서

69) ©VectorWorks
미국에 본사를 둔 Nemetschek North America사가 개발하고 있는 2차원, 3차원 겸용의 CAD이다.

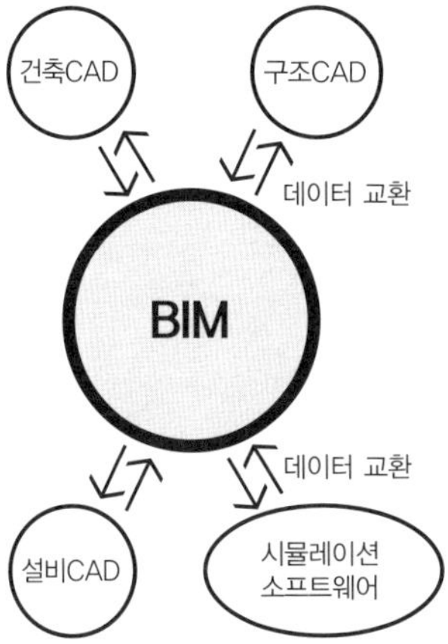

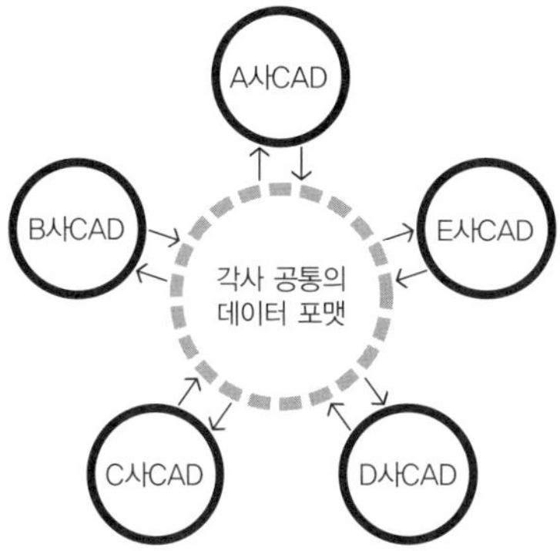

건축, 구조, 설비는 각각 사용하기 편한 CAD를 사용해서 마지막에 플랫폼이 되는 CAD상에 데이터를 모아서 BIM을 구축한다.

는, 공업디자인계에서 인기가 있는 'Rhinoceros' 라든가 대대적인 장소에서는 비행기와 자동차 디자인에서 정평이 있는 'Catia' 등의 3D CAD도 BIM의 일익을 담당하고 있다고 할 수 있다.

Open Standard라는 사고방식

현재는 소프트웨어 각각에 장 · 단점과 숙달 · 미숙달 여부가 있기 때문에 결국은 하나의 소프트웨어가 표준을 잡고, BIM 툴의 시장을 독점할 가능성은 낮을 것이다. 또 하나의 소프트웨어로 건축설계만이 아닌 구조설계와 설비설계를 실행하는 것도 현실적으로는 없다. 오히려 미국에서의 흐름은 'Open Standard' 라는 사고방식의 방향으로 나아가고 있다.

여기서 말하는 Open Standard란, 하나의 소프트웨어에 의존해서 BIM을 추진하는 것이 아니라 IFC 등 공통의 공개된 데이터 포맷과 기준을 공유하는 것으로 개별적으로 사용하기 쉬운 소프트웨어로 데이터 작성을 실시하며 상호이용한다는 사고방식이다. 각각의 설계작업에는, 건축설계와 구조설계 각각에 대한 컴퓨터 어플리케이션이 있을 것이다. BIM을 위해 사용하기 어려운 CAD의 사용을 설계자에게 강요하는 것은 무의미하다.

예전에는 데이터 종합을 중시하여 1개의 소프트웨어로 건축설계도, 구조설계도, 설비설계도 모두를 하나의 소프트웨어로 작업해야만 한다는 생각이 주류였으나 오래 가지는 못했다. 지금은 오히려, 각각의 작업은 사용하기 쉬운 소프트웨어상에서 스트레스 없이 실행하고 그것들을 서로 변환하거나 하나의 플랫폼이 되는 소프트웨어상에서 모아서 종합해야 한다는 사고방식으로 변화되어가고 있다.

환경과 법규상 필요한 시뮬레이션을 실시할 때에는 IFC를 사용해서 데이터를 그려내고 시뮬레이션 소프트웨어 상에서 읽어들이면 좋을 것이다. IFC가 BIM 세계의 공통어가 되어 다른 소프트웨어를 중개하는 역할을 완수하는 것이다. 건축부재의 전문메이커도, 자사제품을 단순히 형상 데이터만이 아닌 BIM에 필요한 정보를 더한 IFC포맷에서 제공하면 설계자측은 그것을 BIM모델로 구축하는 것으로 시뮬레이션과 적산 등의 작업에 적절한 정보를 돌려주는 것이 가능하게 된다. 그렇게 되면 BIM이 일반적 건축 프로젝트를 넓게 추진하는 방법으로 된 경우에는 BIM과 IFC를 표준으로 하지 않은 제품과 메이커는 경쟁력을 깨뜨리는 사태가 될 수 있다.

구조에서는 이미 많은 경우 전문 구조해석 소프트웨어에서 3차원 모델로 구축할 수 있다. 그 데이터를 IFC의 포맷으로 써내고 건축도와 설비도를 겹쳐보면 간섭발견의 실현이 가능하다.

설비계의 설계는 시스템 설계에 가까운 사고방식으로 상세한 치수를 갖지 못한 계통도가 주체가 되어 있기 때문에 그대로는 건축도와 구조도와의 레벨이 맞지 않는다. 그러나 BIM에 의해 덕트와 파이프의 치수와 실제 시공 시에 발생한 보조적 부재의 정보가 그에 더해지고 있으면 시스템 도면으로부터 실제 형상을 가진 3차

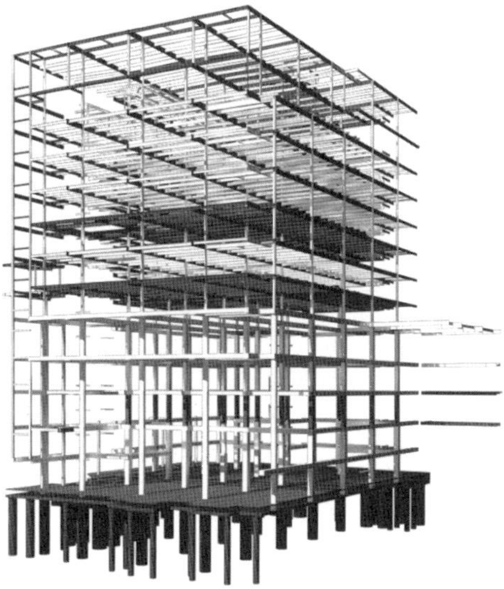

BIM 구조도
(image courtesy of Thompson, Ventulett, Stainback & Associates, Turner Construction)

원 계통도는 반자동으로 작성이 가능하다. 이러한 정보를 건축도, 구조도와 겹쳐 대략적인 간섭을 체크하거나 덕트치수와 배관치수를 엄격하게 파악해야 하는 상세한 설계가 필요한 개소를 골라내는 것만으로도 도면의 정확도는 훨씬 높아진다.

BIM의 플랫폼

실제로 이러한 데이터 교환을 원활하게 실시하기 위해서는 다른 CAD와 시뮬레이션 소프트웨어의 정보를 읽어 들여 하나의 데이터로 겹쳐보는, 즉 플랫폼이 되는 소프트웨어가 중요한 역할을 완수하는 것이 된다. 수집된 데이터는 방대한 양이 되기 때문에 그것을 실용적으로 다룰 수 있는 처리능력도 필요하게 된다. 필자 역시 지금까지 3차원 CAD로 초고층 빌딩 등 대형건축 모델을 작성할 때는 원활한 속도로 일이 진행되지 못한 경우를 여러 차례 경험

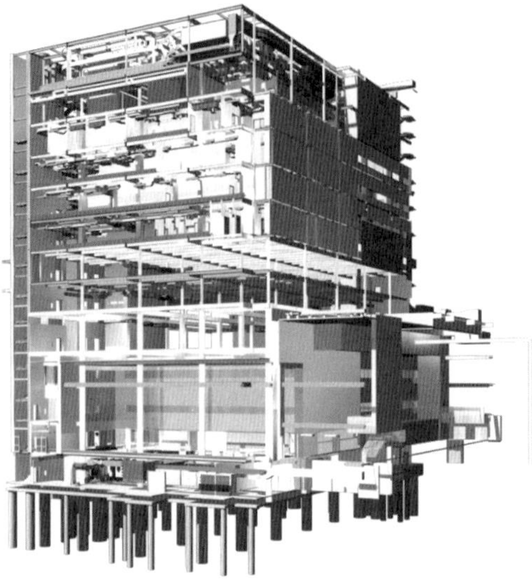

BIM 공조설비도
(image courtesy of Thompson, Ventulett, Stainback & Associates, Turner Construction)

해왔다. 그러므로 BIM의 실천을 위해서는 건축설계와 설비설계용 등 개별 BIM 툴도 필요하지만 그것들을 종합하여 한데 모은 플랫폼이 되어 무거운 데이터도 원활한 속도로 다룰 수 있는 소프트웨어의 존재가 필수불가결하다고 느끼고 있었다. 그래서 마침내 그 역할을 이룬 것이 처음 등장한 것이다.

NavisWorks[67]는 이러한 플랫폼 역할을 할 수 있는 소프트웨어이다. NavisWorks 자체는 모델링(3차원의 데이터를 작성하는) 기능을 전혀 가지고 있지 않지만, 다른 CAD와 데이터베이스, 엑셀 등의 데이터를 읽어 들이는 것이 가능하다. 읽어 들일 수 있는 파일 형식은 CAD용 파일만으로 16종류 이상에 미친다. 일본에서 사용되고 있는 소프트웨어인 AutoCAD와 SketchUp 등 여러 가지 소

70) ©NavisWorks
미국에 본사를 둔 Autodesk사가 개발하고 있는 대량의 3차원 건축정보를 종합하기 위한 전용소프트웨어이다. 149페이지 참조

프트웨어의 네이티브 파일(각각의 CAD에 독자적 데이터 형식)을 그대로 읽어 들여 작업하는 것도 가능하다.

IFC등장 이전에 일반적이었던 3차원 데이터 형식인 DXF와 프로덕트 디자인 세계에서 많이 애용되고 있는 IGS와 CG의 세계에서 애용되고 있는 3ds의 파일을 읽어 들여 작업하는 것도 가능하다. 물론 IFC도 읽어들일 수 있다. 써내는 것도 벡터 정보에 한하여 4종의 형식에 대응하고 있다.

NavisWorks 자체적으로 모델링 기능을 가지고 있지는 않지만 대신에 간섭발견을 실행하는 간섭탐지와 공정의 시뮬레이션을 실행하는 'TimeLiner' 등의 소프트웨어와 일체를 이루어 작동한다. 2008년 AIA의 회의에서도 간섭발견만으로도 큰 도움이 된다는 정보가 다수 소개되고 있었다.

또, 실무상 중요한 것은 플랫폼이 되는 소프트웨어상에서 모아진 방대한 데이터를 원활한 속도로 처리할 수 있을까라는 점이지만

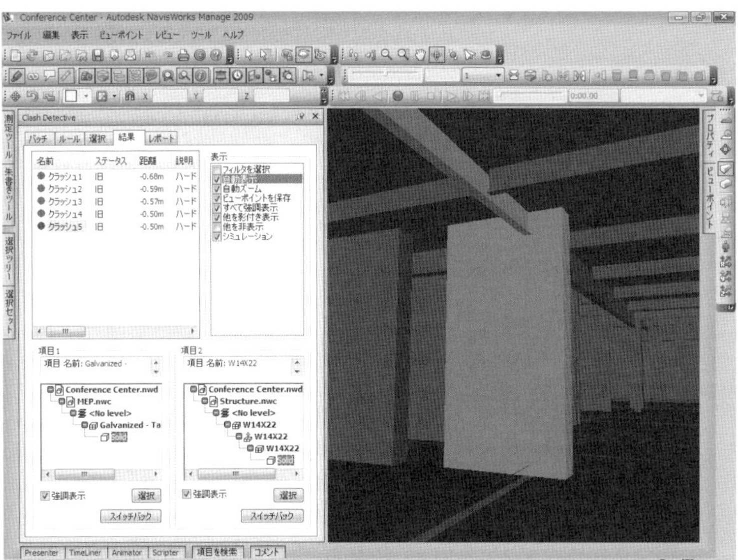

Navis Works에 의한 간섭발견 화면(Autodesk사)

이점에서도 합격점이 매겨진다. NavisWorks는 확실히 BIM을 위한 플랫폼으로서 기능할 수 있는 소프트웨어이다.

BIM이 실제로 이론으로부터 실천을 움직이는 경위는 NavisWorks 같은 플랫폼적 소프트웨어가 등장하고 실무에서의 환경이 조화를 이룬 것이 크다고 할 수 있다. NavisWorks 이외에 유럽에는 핀란드 Solibri사의 Model Checker란 동종의 소프트웨어가 있고, 북유럽에서의 BIM추진을 뒷받침하고 있다. 건축설계용 3차원 CAD로서의 이미지가 강한 ArchiCAD와 Revit 등도 마찬가지로 플랫폼으로서의 기능을 완수할 수 있는 잠재력을 가지고 있다.

지금까지는 각 회사와도 자사의 단일 소프트웨어 내에서만 BIM을 실천하려 했지만 이제는 BIM의 실천을 위해서는 다른 소프트웨어와의 협조가 필수불가결하다는 인식에 이르러 플랫폼의 역할을 완수하는 소프트웨어는 이후에도 속속 등장해 올 것이다. 이처럼 미국과 북유럽 등의 BIM선진국에서는 소프트웨어의 시점으로부터 봐도 BIM 실천에 필수불가결한 환경이 조화를 이룬 상황이 되고 있는 것이다.

BIM표준화의 흐름

실용주의 실천이 진행되고 있는 반면에, 미국에서는 BIM을 확실히 표준화하려는 움직임도 진행되고 있다. 88페이지에서 소개한 AIA에 의한 'Integrated Project Delivery Guide'는 BIM을 전제로 하고 있지만 IPD의 가이드라인이었다. 보다 직접적으로 BIM에 직결하고 있는 표준화가 NBIMS[71](National Building

---

71) ©NBIMS
http://www.facilityinformationcouncil.org/bim/publications.php. NBIMS는 National Institute of BUILDING SCIENCES가 2007년 말에 간행한 것이다.

Information Modeling Standard)이다. 거기에는 BIM을 사용함에 있어서의 개요와 원칙, 그리고 방법론이 있고 이와 더불어 많은 전문가가 BIM의 최신 상황에 관하여 전문적인 코멘트를 불러오고 있다.

내용을 보면 완성된 기준이라는 것보다도 현재 BIM의 상황을 응시한 진행형의 기준이고, 이후에도 개정을 되풀이하여 완성도를 높여갈 것이라고 생각한다. 그러나 현 시점에서 BIM에 관한 소수의 표준 중 하나이고 이후 일본에서 BIM의 기준을 만들 때는 중요한 참고서로서 자리매김할 수 있다.

AIA에서 BIM의 자리매김

2008년 AIA총회의 프리미팅에서는 BIM 연구회가 집중적으로 실시되었다. 모든 연구회의 열정을 가진 청강자가 다수 몰려들고 있었다. 조찬 미팅임에도 다수의 건축가가 모이고 발표자의 발언에 귀를 기울이는 모습에서 미국의 건축가가 BIM에 거는 기대가 크다는 것을 알 수 있었다.

BIM을 추진하기 위한 연구회와 표창제도도 AIA가 선도하여 실시하고 있다. 대표적인 것으로 BIM을 이용한 우수한 프로젝트를 표창하는 BIM Awards[72]가 있다. 2005년 이래 계속되고 있고 표창자 등에는 국가기관인 GSA 이외에도 Morphosis이거나 Gehry Technology 등 저명한 건축가와 컨설턴트의 이름을 볼 수 있다. 이미 미국에서 BIM은 저명한 디자이너에게 있어서 필수적으로 되고 있는 것 같다.

72) ©AIA BIM Awards
2008년의 수상작품에 관해서는 아래의 PDF로 보는 것이 가능하다. .http://www.aia.org/siteObjects/files/2008%20TAPS%20BIM%20Awards%20Final.pdf

유럽의 BIM 상황

유럽에서 BIM의 움직임

미국뿐만 아니라 유럽에서도 BIM을 클라이언트의 입장으로부터 적극적으로 받아들여 추진하는 움직임이 보이고 있다. 핀란드에서는 1995년까지 국가의 부동산은 NBPB(National Board of Public Building)에 의해 관리되고 있었다. NBPB는 1995년에 폐쇄되어 15유닛으로 분할되었다. 이 중 최대의 유닛에서 핀란드 국가 부동산의 약 절반을 관할하고 있었던 부문이 2001년부터 Senate Properties[73]사라고 명칭을 변경했다. 즉 Senate Properties사란, 핀란드에서 가장 오래됨과 동시에 가장 큰 부동산 관리자이고 미국의 GSA와 일본의 국토교통성 관청영선부에 해당한다고 생각해도 좋다.

이 Senate Properties사는 2001년부터 클라이언트 입장에서 Pilot Project에 대해 BIM의 실증실험을 개시했다. 그 결과 일반적인 프로젝트에 대해서도 BIM의 효과는 충분히 발휘할 수 있다고 생각하고 2007년 10월 1일 이후 IFC의 기준에 의한 BIM모델을 모든 프로젝트에서 채용할 것을 결정했다. BIM 채용의 목적은 프로젝트가 목적과 원가에 적합한지를 확인하기 위한 것이다. 설계뿐만 아니라 건설이나 개보수에도 BIM을 사용하기로 함으로써 우선 수십개의 프로젝트 예산으로 수억 유로의 규모로 첫무대를 개시한다.

이 첫 무대에서는 건축설계에서 BIM을 작성하는 것 그것을 사

73) ©Senate Properties
Senate Properties사에 관해서는 다음의 홈페이지를 참조. http://www.senaatti.fi/document.asp?siteID=2&Docid=11

용한 가시화를 실행하는 것 등, 서서히 그 영역을 확대해 갈 예정이다. 앞으로는 다른 북유럽 여러 나라, 미국, 그리고 네덜란드의 디벨로퍼와 함께 BIM의 채용을 추진해서 BIM을 통한 설계, 건설, 그리고 부동산 서비스와 관리를 진행해나갈 것을 언급한다.

BIM 실천을 위해 Senate사는 2007년 9월에 가이드라인을 책정했다. Senate사도 BIM의 실천을 하나의 소프트웨어로 실행할 정도로 무리하고 있지는 않다. 그들이 취한 방법은 다음과 같은 극히 간단한 방법이었다. 기본설계, 구조설계, 건축과정 각각의 단계에 최적의 BIM모델을 사용한다는 것이다. 공연히 다른 단계의 모델 간의 데이터 상호이용은 생각하지 않고 단지 각단계의 모델의 정확도를 높이는 방법을 취한 것으로서 각각의 디자이너와 엔지니어는 자신에게 유리한 모델을 무리 없이 작성할 수 있게 된다. 또, 현재 시판되고 있는 소프트웨어로도 충분히 쓸모 있으므로 무의미한 개발비도 필요하지 않다.

이렇게 각각에 작성된 건축, 구조, 설비데이터는 플랫폼이 되는 CAD상에서 모아져 상호간섭 등을 체크한다(이것에는 Model Checker라는 핀란드산 소프트웨어를 사용하고 있다).

이 간섭체크에 의해 의사결정을 빠르게 실행할 수 있다. 미국에서 오픈 스탠더드와 NavisWorks의 관계와 흡사하다. 그리고 시공단계에서 필요한 모델을 작성하지만 이것도 시공단계에서 어울리는 소프트웨어로 만드는 것을 허용하고 있다.

마지막에 시설관리용으로 유지관리 모델을 작성한다. 이것은 현재의 건물에 무언가 변경이 더해지면 모델에도 마찬가지의 변경을 더해 보수하여 사용해가는 모델이다. 이러한 단계별로 각각에 최적의 모델을 만드는 기법은 핀란드가 환경세를 도입하고 있다는 배경이 있다. 설계에 임해 환경 시뮬레이션에 3차원 모델을 만드는 것이 지금까지도 활발히 실행되어 왔던 것이다.

미국과의 접근 차이

Senate사의 가이드라인을 응시하면 미국의 BIM과 접근상에 차이를 명확히 보이고 있다. 미국류의 BIM에서는 건물을 형성하는 요소이고 창문과 벽 등의 부품을 조합하는 시점으로 BIM이 파악되는 경향이 강한데 비해, Senate사가 실시하고 있는 BIM은 방과 공간 등, 부품이 만들어내고는 있지만 부품 자체가 아닌 공간측면에 시점을 둔 BIM이 되고 있다.

공간과 방 등 시설운영측면의 표현형식으로 BIM을 파악하고 있다는 것이 흥미로웠다. 극히 건축의 본질을 파악한 BIM이라고 말할 수 있다.

미국의 BIM이 만드는 측(건설)의 논리로 움직이고 있는데 반해 핀란드의 BIM은 관리하는 측의 논리로 움직이고 있다고 말할 수 있을 것이다. 물론 IFC 자체는 어느 측의 논리도 허용할 수 있는 구조로 되어 있다. 문짝과 벽 등 실체가 있는 부품부터도 조합할 수 있고 방과 공간 등 빈 부품은 IfcSpace[74]로 정의되고 있기 때문에 이쪽에서도 조합할 수 있는 구조로 되어 있다.

건축설계에서 대표적인 BIM 소프트웨어인 ArchiCAD, Revit, Bentley의 어느 것이나 Name과 Zone Name 등의 분류 이유를 가지고 있어 IFC와의 정합을 도모할 수 있게 되어 있다. 마찬가지로 이러한 움직임은 노르웨이에서도 시작되고 있다.

National Office of Building Technology and Administration에서는 인·허가신청, 특히 조닝 설계조사에 IFC를 활용하고 있

---

74) ©IfcSpace
건축물을 설계할 때에는 기둥과 벽 등 건축적인 요소를 의식하는 이상으로 그것들이 만들어내고 있는 거실과 부엌 등등, 기능을 가진 공간에 주목하고 그 배치를 설계하는 편이 일반적이다. 이런 어떠한 경계로 구분되어 있고 기능을 가지고 있는 공간을 IFC상에서 다루기 위한 개념이 IfcSpace이다. 공간의 3차원 형상 등의 정보 이외에 명칭(실명 혹은 기능의 이름), 공간의 천장높이 공간의 윤곽(바닥면적을 산출하는 때의 기준선), 바닥, 공간의 용적 등의 건축정보를 가지고 있다.

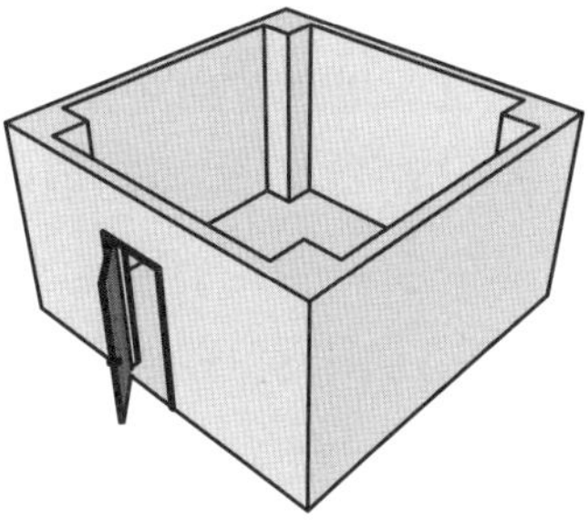
미국류의 BIM 공간을 만드는 요소를 파악한다.

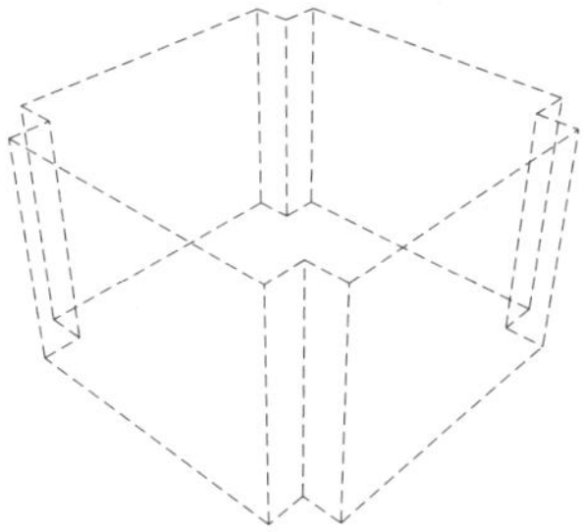
Senate사의 BIM 공간 그 자체를 파악한다.

다. 흥미로운 것은 이들 북유럽의 움직임은 국가가 주도하면서도 자국 내에 머무르지 않고, 북유럽과 유럽, 그리고 미국의 GSA와의 협조 관계를 쌓아올려 BIM과 IFC의 활용을 전 세계로 확대해 가는 움직임을 보여주고 있는 것이다.

이때 IFC의 ISO규격으로의 승격이 겹치게 되고, BIM과 IFC가 3차원 건축정보의 데이터베이스로서 세계적 표준화가 된 신뢰도 높은 상황이 되고 있다.

유럽의 소프트웨어 동향

BIM을 실행하는데는 항상 소프트웨어가 필연적이다. 그리고 현재 BIM에는 3대 소프트웨어라고 불리는 것이 있다. 그 중 2개가 미국 Autodesk사의 Revit과 Bentley사의 Micro Station이고, 나머지가 유럽의 ArchiCAD이다. 유럽에서는 건축에 특화된 3차원 CAD가 일찍부터 등장하였다. 특히 오브젝트 CAD가 가장 빨리 등장하고 BIM과 매우 흡사한 개념에 의해 만들어진 소프트웨어도 등장하고 있었으며, ArchiCAD가 가장 유명한 예라고 할 수 있다. ArchiCAD의 개발, 판매를 실행하고 있는 것은 헝가리에 본사를 둔 Graphisoft사이다.

ArchiCAD는 1982년에 개발이 착수되고 1984년부터 판매가 개시되었다. 아마도 PC상에서 2차원과 3차원 도면 작성을 동시에 할 수 있는 세계 최초의 건축전용 소프트웨어였다고 생각된다. ArchiCAD의 기본 컨셉은 컴퓨터상의 3차원 모델에 '건물의 재질과 특성 등 보다 많은 정보를 보유할 수 있는' 3차원 데이터베이스를 구축하는 것이고, 이 컨셉을 Graphisoft사에서는 '가상의 빌딩'이라고 자리매김하고 있어서 확실히 BIM 자체의 사고방식에 부합된다. 따라서 이 3차원 데이터베이스로부터 도면을 꺼내거나, 프레젠테이션에 필요한 가시화를 실행하거나, 각종 시뮬레이션을 실행하거나, 적산을 실행하는 것이다. 이 데이터의 사용방법도 BIM과 동일한 사고방식이다.

ArchiCAD는 당초의 버전부터 지금까지 2차원 캐드 같은 단순한 선과 원 등의 도형이 아니고 벽, 창, 문, 기둥, 보 등 건축 특유의 부품을 조합하는 '오브젝트 CAD'였다. 선을 조합하여 건축물을 표현하는 도면을 작성하는 2차원 CAD 및 선과 면을 사용해서 3차원적인 입체를 만드는 3차원 CAD, CG소프트웨어와도 다르다.

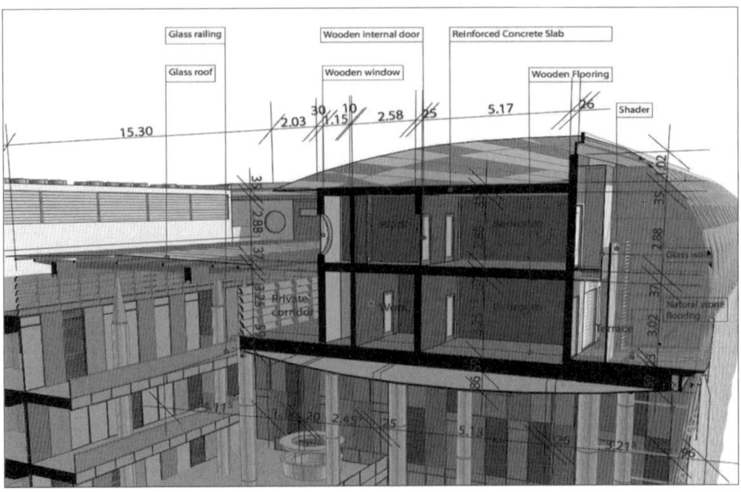

ArchiCAD에서 작성한 3D 다큐멘트(화상제공/Graphisoft사)

벽과 창이라는 건축적 오브젝트를 조합하여 컴퓨터상에 가상의 빌딩을 먼저 만들고 도면이 필요하면 거기로부터 도면을 추출하는 것이 ArchiCAD의 기본적인 사고방식이다. 이러한 BIM과 극히 가까운 사고방식을 BIM과 그 근간이 되고 있는 IFC라는 기술 수준이 가능하게 되기 이전부터 실천하기 위해 Graphisoft사에서는 GDL(= Geometric Description Language)이라는 언어를 개발하여 공개했다. 이에 의해 Graphisoft사 이외의 메이커가 ArchiCAD상에서 사용할 수 있는 건축적인 부품(이것을 ArchiCAD에서는 라이브러리라고 부르고 있다)을 작성할 수 있도록 구조를 구축하고 있다. 이쪽도 IFC에 극히 가까운 개념을 느끼게 한다.

이에 그치지 않고 Graphisoft사는 사용자에 의한 커스터마이즈와 유저가 원하는 커스터마이즈를 적극적으로 받아들이는 자세를 취하고 있다. 이 '자사용으로 맞춰진 커스터마이즈가 가능한' 것이

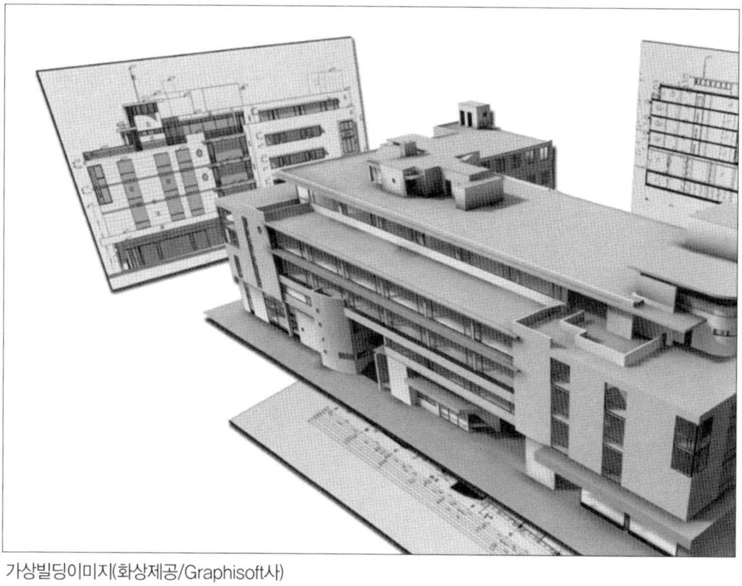

가상빌딩이미지(화상제공/Graphisoft사)

장점이 되어 BIM의 개념이 일반화되기 이전부터 일부 선진적인 기업에 받아들여져 사용되어 왔다는 것이다.

최근에는 IFC로의 대응 속도와 적극성이 강조되어 이러한 부분이 오늘날 ArchiCAD의 강점이 된다. 건물의 설계와 생산이 개인작업이 아닌 팀에서의 작업이라는 것부터 ArchiCAD에는 네트워크를 통해 팀작업을 실행하기 위한 'Team Work 기능'이 구축되어 있다. 이는 일찍이 트레이싱 페이퍼를 통해 팀이 설계라는 공동작업을 실행하고 있었던 것을 네트워크를 통한 IT시대의 공동작업을 위한 툴에 반영한 것이다. 더욱이 설계뿐만 아니라 작업의 흐름을 관리하는 클라이언트와 외부사업자의 공동작업 플랫폼을 구축하기 위한 프로젝트 X체인지라는 툴도 준비되어 있다.

이후로 재택근무와 국제적인 설계공동체제가 가속화되어 있는 상황에서, BIM 툴이 갖추어야 하는 기본적 요건을 충족시킨 모델이 되는 기능이다. Graphisoft사가 추진하고 있는 또 하나는 BIM

ArchiCAD에 의한 BIM(설비만을 나타낸 상태 화상제공/Graphisoft사)

에 필요한 모든 소프트웨어를 Graphisoft사에서만 만드는 것이 아니라 오히려 ArchiCAD를 BIM을 위한 플랫폼(디자인 플랫폼)으로 자리매김시켜 각종 전문 툴과 시뮬레이션 소프트와의 협조관계 구축을 적극 진행하고 있는 점일 것이다.

이처럼 유럽에서도 BIM의 이용이 추진되고 있다. 원래 환경에 대한 배려를 중시하던 유럽에서는 설계시 여러 종류의 환경 시뮬레이션을 필요로 해 온 것부터 BIM을 후원하는 상황이 국가나 설계자, 그리고 소프트웨어측에서도 일본에 비하면 한발 먼저 정돈되고 있었던 것 같다.

다만, 거기서 전개되고 있는 BIM은 선행하는 미국과의 협조관계에서 유사한 부분도 있고, 핀란드의 예에서 본 것처럼 미국 스타일의 BIM과는 성격이 다른 측면도 있다. 이러한 다양한 BIM이 세계 각국에서 추진되어 가는 것이 BIM이 가지고 있는 글로벌한 성격을 검증하고 충분히 단련하여 완성시키기 위한 것도 필요한 환경이라고 말할 수 있을 것이다.

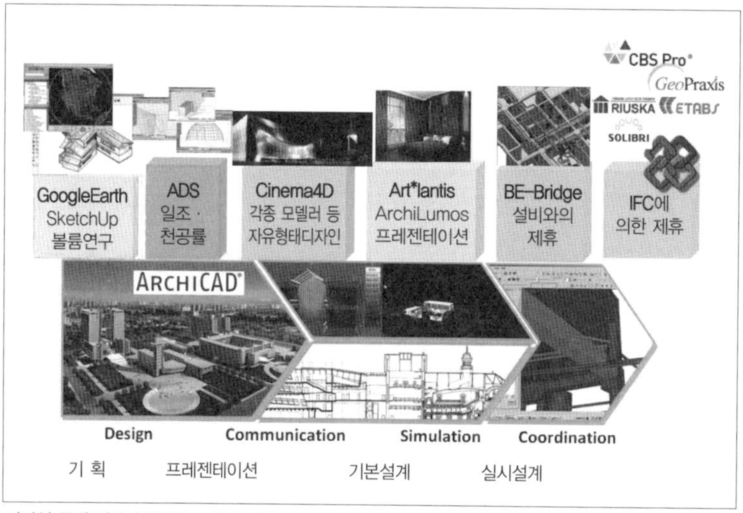

디자인 플랫폼(화상제공/Graphisoft사)

아시아의 BIM 상황

미국과 유럽만이 아니라 아시아에서도 BIM을 둘러싼 움직임이 나타나기 시작했다. 일부에서는 일본보다 더 진행된 상황도 보인다. 여기서는 아시아의 상황을 소개하려 한다.

싱가포르의 IT화 전략

IT화 정책에 의해 국익을 기반으로 자리매김하는 싱가포르에서는 건설업계로의 IT도입도 적극적으로 도모하고 있다. 1999년에는 Construction21[75]이라는 건설산업을 지식집약형 산업으로 전환하기 위한 전략이 발표되었다. 그 중에서 건설업의 IT화로의 전환이 설계(CORENET[76])되고, 2000년 이후, 건축 인 · 허가신청은 전자화와 IFC에 의한 건축법규 체크의 자동화를 추진하고 있다. 1995년 이후, 이미 인 · 허가신청을 포털화, 24시간화되어 2002년부터는 본격가동을 시작했다. 2004년 이후에는 실무화하여 전자신청만으로 접수될 수 있는 시스템이 되었다. 기준법과 각종 가이드라인 등도 2002년보다 포털화되어 열람이 가능한 상황이 되고 있다. 그래서 인 · 허가신청을 e-Submission에 의해 제출하기 이전에 법규 체크를 자동적으로 실행하기 위한 포털이 e-PlanCheck라는 시스템에서 2004년부터 테스트 운용이 개시되고 있다. 당초에는 싱가포르내 독자적 데이터 포맷 채용을 생각하고 있었지만 포맷의 유지비용 문제와 글로벌화의 동향을 감안하여 IFC의 채용으로 결

75) ©Construction21
http://www.building-practice.com/
76) ©CORENET
http://www.corenet.gov.sg/

단을 내렸다.

이들 전자적 시스템을 사용하면 신청시 소요되었던 기간이 지금의 1/4이 된다고 보고 되고 있다. 그리고 내진강도 위장문제 이후, 인 · 허가신청기간이 현격히 늘어난 일본 건축 비즈니스 상황에 비추어보면 부러울 뿐이다.

현시점에서 e-Submission으로 제출하는 주류는 아직 2차원을 기반으로 한 것이고, 3차원은 소수이지만 이후의 움직임은 주목할 만하다. 이들의 동향은 일본에서도 건설업을 중심으로서 눈길을 모아 2006년에는 JACIC[77] 등이 조사단을 파견하고 있다. 더욱이 면밀한 조사에 의해 3차원 데이터 이용이 아직 소수에 머무르고 있는 구체적인 이유를 파악할 수 있으면 일본에서 BIM과 IFC를 축으로 한 전자신청을 추진하는데 있어서 큰 실마리가 될 것임에 틀림없다.

IFC를 사용한 움직임은 싱가포르에 머무르지 않고 미국과 북유럽 등에도 퍼지고 있다. 일본에서도 지금보다 더 건축인 · 허가신청의 장기화를 억제하면서 엄격한 심사를 실행하기 위한 강력한 수단으로서 IFC의 도입을 고려해야 할 때가 되었다고 생각한다.

기타 아시아 여러 나라의 움직임

그 외, BIM Storm에 참가한 한국 팀의 수가 일본 팀 수를 상회하고 있는 상황을 보면 한국에서도 BIM으로의 적극적인 모습을 엿볼 수 있다. 또 본서에서는 언급할 수 없었지만 호주는 알려지지 않은 3차원 CAD와 BIM의 선진국이라고 이야기되고 있다. 머지 않아 호주에서의 실무상황이 일본에 전해져 소개될 것으로 생각된다.

77) ©JACIC
(재)일본건설정보센터

여기서 소개한 것처럼 BIM이라는 시점에서부터 보면 일본은 아시아에 한해서도 이미 늦은 것이 현 상태이다.

디자인 툴로서의 BIM

BIM은 건축 비즈니스 전반에 있어서 확실히 성력화, 합리화를 가져왔지만 건물을 형태화하는 처음 입장인 건축가에게 있어서는 3차원 설계로 인해 작업부담이 집중되는 문제가 있다. 그러면 건축가에게 있어서 BIM은 부담 이외의 아무것도 아닌 귀찮은 물건인 것일까? 하지만 KPF와 Arup사 등, 세계적으로 유명한 건축 디자인 사무소와 최첨단 디자인을 엔지니어링 면에서부터 지탱하는 컨설턴트에 이르기까지 BIM은 이미 받아들여져 성과를 올리고 있다. 여기서는 디자인 툴로서 BIM의 가능성과 현 상태에서의 상황을 알아보자.

오산바시 국제여객터미널

BIM이라는 단어로부터 벗어나 3차원에 의한 디자인으로 시점을 바꿔보면 건축디자인 영역에 있어서 3차원 설계의 영향이 매우 커지고 있는 것을 실감할 수 있다. 최근 수년간 세계적인 규모의 건축 디자인 콤페를 보면 건축디자인이 보다 3차원적인 방향으로 향하고 있음을 알 수 있다.

이러한 국제적 흐름을 실제로 만든 작품으로서 일본 내에서 볼 수 있는 가장 초기의 예는 요코하마 오산바시 국제여객터미널일 것이다. 예전에는 '아메리칸 부두' 라는 이름으로 불리고 있던 이 부두가 국제적인 건축 순례의 장으로 변모를 이뤘다.

1994년 국제 콤페에 660개의 안 중에서 뽑힌 알레한드로와 파시드 팀 'foa' 의 연속해서 비틀어진 갑판 같은 안이 이것이다. 막다른 곳이 없는 'No Return' 의 공간구성을 기본 컨셉으로 하여 콤페안은 마루, 벽, 지붕의 구별, 옥외와 옥내의 경계를 없애 흔적이 남지 않은 듯한 건물이었다. 이 건물의 완성에는 3차원에서 힘을 흘려 넘기기를 생각한 입체적인 구조해석과 그 구조모델을 실제로 구축하여 실현시키기 위한 장인정신의 양립이 필요했다고 한다.

실현을 위해 foa는 전부 컴퓨터를 이용한 설계를 실시하고 일본에서 구조설계를 담당한 '구조설계그룹(SDG)' 도 데이터를 담당했다고 한다. 또한 SDG의 해석 후의 데이터를 제네콘과 제조자에게 넘겨 건설이 진행된 것은 BIM의 원형적인 제작 과정을 밟고 있었던 것이다.

요코하마 오산바시터미널(foa)

오산바시는 가장 초기의 예이기도 하고 건설원가가 당초 예정을 크게 상회함으로써 여러 번의 설계변경과 예산변경이 필요하게 되어 신문지상을 떠들썩하게 한 적도 있었다. 그러나 무엇보다 이러한 복잡한 건물이 IT기술을 통해서 실현되었다는 것의 의미는 크다.

프랭크 게리

전통적인 건축의 틀을 초월한 자유형상의 창조를 시도하며, 오직 건축의 최첨단화를 향해 달려온 사람이 프랭크 게리라는 것은 의심의 여지가 없을 것이다. 최초로 주목을 모은 자택(1978년)에서는 수작업을 중심으로 한 브리콜라주적인 양상이 강하고, 디자인도 해체이론으로 분류할 수 있을 정도로 잡다하여 이미 존재하는 형상을 조합한 듯한 디자인이었으나 후에 Catia라는 배, 비행기, 자동차의 설계 및 구조해석에 사용하는 3차원 CAD를 이용하여 보다 자유분방한 형태의 건축으로 향하고 있다. 게리의 대표적인 작품으로는 현 시점에서 걸작이 되고 있는 것은 스페인 빌바오시에 1998년에 건설된 '빌바오 구겐하임 미술관' 일 것이다.

사진에서는 엉뚱하게 보이는 건물도 실제로 방문해 보면 도로와 교량과 하천 등 미술관을 둘러싼 토목구조물과의 스케일 관계까지 꼼꼼히 연구한 작품인 것을 알 수 있다. 이 미술관으로 빌바오시는 세계의 주목을 모아, 연간 100만 명의 관광객이 방문하여 세계 건축관계자의 건축여행의 메카로서 그 이름을 넓혔다.

게리의 디자인 자체는 컴퓨터를 필요로 하지 않고 그의 상상력만 있으면 가능한 것일지도 모른다. 단, 실제 건물에 정리해서 올리는 과정에서는 컴퓨터와 그 후에 생성되는 3차원 모델이 중요한 역할을 완수하고 있다는 것은 의심의 여지가 없다. 3차원 CAD가 아니

빌바오 구겐하임 미술관(프랭크 게리)

면 경제적인 면과 제작상의 이유로 실현이 불가능했을 수도 있다.

Gehry Technology사

2002년에는 이러한 게리의 디자인을 기술적으로 지원하는 Gehry Technology사가 설립되었다.

(http://www.gehrytechnologies.com/)

Gehry Technology사는 현재 게리의 작품실현에서 배양한 3차원 설계기술을 일반에게 널리 제공하는 회사가 되었고, 게리의 작품 이외에도 북경 올림픽 주경기장인 통칭 '새의 둥지'(헤르조그 & 드 뫼롱)의 실현에서도 지붕의 복잡한 3차원 형상의 연구와 VE(Value Engineering) 안의 작성 과정에서 협력을 실행하고 있다.

최근에 BIM에 대해서도 적극적이어서 2008년에는 AIA 주최의 BIM Award 중 건축 비즈니스 프로세스 쇄신에 관한 상을 수상했다. 수상작품은 홍콩의 'One Island East'라는 상업과 오피스 복합빌딩이다. 이러한 업무에서 Gehry Technology사의 역할은 클

북경 올림픽 수영장 구조 모델(image courtesy of Arup)

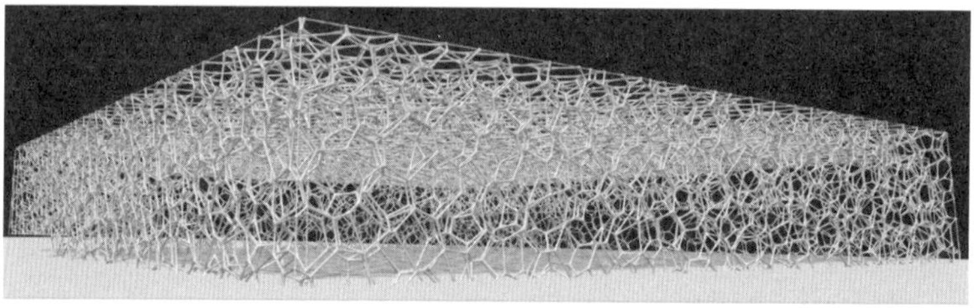

북경 올림픽 수영장 구조(image courtesy of Arup)

라이언트, 건축가, 엔지니어, 시공자 사이를 3차원 설계기술을 이용하여 맺어줌으로써 지금까지의 건축가와 시공자의 개념을 초월한 새로운 직능이라고 할 수 있는 것이다.

설계단계에서 BIM 구축은 물론이고, 그것을 사용한 기하학적인 정합성을 가진 모델 작성과 간섭발견 등을 종합한 설계품질 향상과 VE제안 등 지금까지의 설계방법에서는 부담스러웠던 부분을 도와주는 서비스를 실시하고 있다. 설계단계에서는 3차원적, 그리고 시간축을 가미한 4차원적인 시공검토와 자재조달 시뮬레이션 등 BIM을 사용해 지금까지는 시공자가 어려워하던 영역을 지원하고 있다. 물론, 입찰지원과 건설완료 후의 '건설된 상태로' BIM 모델을 수정하는 것과 같은 폭넓은 업무도 실행되고 있다.

북경 올림픽 주경기장(Herzog & Meuron)

이러한 건축디자인에 있어서 서드파티라고도 할 수 있는 직종이 세계의 최첨단을 달리고 가장 예술에 가까운 프랭크 게리의 건축디자인부터 파생해온 것은 흥미롭다. 이미 최첨단 건축디자인을 특수한 것으로 건축 비즈니스의 주류로부터 배제시킬 수 있는 시대는 사라지고 있다.

알고리즘계 디자인

게리의 디자인이 그의 상상력에 근거한 형태를 특징으로 하고 있는데 반해 최근에는 알고리즘 디자인이라 불리는 디자인상 요구되는 요소조건을 충족시키는 가장 적절한 해결을 컴퓨터 프로그램을 이용하여 찾아내고 형태와 구조에 반영해 가는 디자인 기법의 대두가 눈부시다. 게리의 건축이 개인에 기인하는 자의적인 형상인데 반해 자유형태로 보이지만 그 형태의 생성원리가 컴퓨터의 논리를 사용한 최적화라는 점에서 알고리즘 디자인이 건축가의 마음을 뒤흔드는 이유일까.

쿱 힘멜브라우와 자하하디드 등 예전에는 해체주의의 탈구축적 디자인에서 일생을 풍미한 건축가들이 이번에는 그 형상의 정당성을 알고리즘에서 구해냈다. 또 포스터와 KPF 등 프리 폼과는 관계가 멀었던 건축가들도 알고리즘 디자인이 생성하는 논리를 내포한 형태에 강하게 이끌리고 있는 상황이다. 2008년의 국제적 디자인 콤페에서는 '알고리즘 디자인이 아니면 이기지 못한다' 라고까지 가는 상황이 되고 있다.

알고리즘 디자인에서 채택할 수 있는 것은 구조해석, 일조, CFD(기류해석), 온열환경 등 지금까지의 디자인에서 고려되어왔던 변수이지만 알고리즘 디자인 속에서는 이들을 설계자의 필터를 끼우는 것 없이 변수로서 직접 받아들이고, 그것들의 상호작용으로부터 가장 적절한 해결이 되는 형상을 컴퓨터를 이용해 계산한 것이다.

세계적으로 환경 배려를 중시하는 시대에서는 매우 객관적이거나 합리적으로 보이기 때문에 시대도 이 디자인기법을 뒷받침하고 있는 것이다. 이러한 상황에서 BIM 툴의 3대 메이커 중 하나인 Bentley Systems사로부터 2007년 8월에 'Generative Component' 라는 프로그램을 작성하지 않고 알고리즘으로부터 형

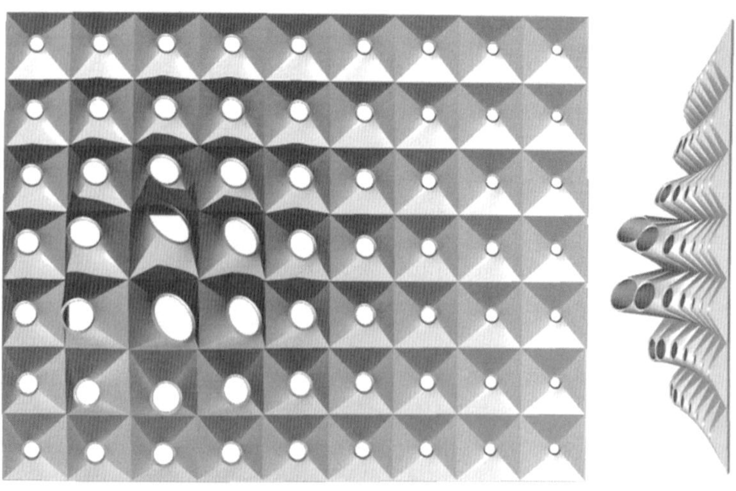

Generative Component를 사용한 형태의 생성
작성 Fabian Evers, M. Sc. Arch. (Pratt Institutr), Dipl. Ing. (HFT Stuttgart)

Generative Component를 사용한 계획
(image courtesy of Thompson, Ventulett, Stainback & Associates)

상을 파생시키기 위한 툴이 발표되었다.

지금까지의 알고리즘적인 디자인기법에서는 설계하는 건물에 맞춰서 개별 프로그램을 건축가 혹은 건축가를 지원하는 멤버가 작성해서 올릴 필요가 있었다. 그러나 Generative Component를 사용하면 프로그램을 작성하지 않고도 알고리즘 디자인이 가능하게 되는 환경을 좌우하는 각종 요인을 적절히 받아들여 디자인을 실행하는 것은 시대의 필연이라고도 할 수 있기 때문에 이 알고리즘 디자인 사고방식은 일반건축에도 널리 파급될 가능성이 높아질 때는 BIM이야말로 그 연구의 기반이 될 것이다.

디지털 장인기술

알고리즘 디자인이 만들어낸 형상은 지금까지의 디자인에서는 볼 수 없는 유기적 형상으로 매력적인 부분이 많다. 이를 그대로 이전부터의 생산 공정 속에서 실현하려고 하면 방대한 건설원가가 필요할 것이다.

디자인 과정에서 생성된 데이터를 제작현장에서 원활하게 전달하거나 소재의 물리적인 제약부터 제작이 극히 곤란한 형상에 관한 정보와 마무리 점검을 역으로 제작의 장으로부터 설계자에게 되돌리는 것으로, 지금까지는 불가능하다고 생각되던 형상이 합리적인 한편, 경제적으로 창출될 수 있는 구조가 필요하다. 여기에서도 BIM에 의한 설계자와 생산자의 통합이 필요하게 되고 있다. 뉴욕의 파사드 컨설턴트 회사인 Front사는 이러한 설계자와 생산자의 통합을 원하는 조직으로서도 자리매김하는 것 같다. Front사의 역할은 세계 속의 혁신적인 건물의 실현을 위해 건축가에 대해서 전략적인 어드바이스와 디자인과 테크니컬한 지원을 행하고 있는 것이다.

Front사의 홈페이지를 보면 세계 유명건축이 등장한다. 이들 파사드를 실현하고 있었던 것이 Front사라는 것에 놀랐다. 일본의 설계사무소가 관여한 것으로는 미국 톨레도의 Glass pavilion도 게재되어 있다.

게리의 디자인이 Gehry Technology사에 의해 실현되고 또 게리의 디자인이 Gehry Technology사를 낳은 것처럼 Front사의 존재가 세계의 정상으로 힘차게 나아가는 건축가와 공존관계에 있을 것이다.

디지털을 통한 새로운 장인기술을 뺀 최신 건축은 실현할 수 없고, 여기서의 최첨단 장인기술이 다음 시대의 건축을 지탱하는 기술로 일반화되어 갈 것이다. 이러한 의미에서 '디지털 장인기술'은 이후 크게 주목받게 될 것이다. BIM은 이러한 디지털 장인기술과도 밀접한 관계를 구축할 수 있는 툴이다.

일본의 프로젝트를 본다.

일본 건축의 최첨단

소수이지만 일본에서도 컴퓨터를 사용한 선진적인 디자인을 시도하고 있는 사람들, 또 디지털 장인기술을 발휘하여 지금까지 기술로는 합리적인 실현이 불가능했던 형태를 적극적으로 실현하고 있는 사람들도 있다.

BIM이라는 개념이 가능하기 이전부터의 시도를 엄밀한 의미에서 말하면 BIM이라고 할 수 없다는 의견도 있을 것이다. 그러나 필자는 이것들을 BIM으로부터 배제하는 것이 아니고 오히려 일본에 있어서 BIM의 기선을 잡는 것과 자리매김, 받아들일 수 있는 것에 관해서는 적극적인 입장을 취해야 한다고 본다.

건축가인 와타나베 마코토 씨는 알고리즘 디자인기법으로 디자인한 오에도선 이이다바시역으로 2001년의 일본건축학회상 작품상을 수상했지만, 이것은 알고리즘 디자인 세계에서도 가장 초기의 성과로 자리매김할 것이다.

이이다바시역에서 와타나베 씨의 목표는 홈페이지 상에서 자세히 해설되어 있으므로 참조하고 또 홈페이지에서는 구마모토현의 신미나마타역 앞에 있는 신미나마타문에서 이용한 것과 거의 같은 기능을 가진 형태발생 프로그램인 'KeiRiki[78]-1W' 와 그 발전판인 'KeiRiki-2W' 를 공개하는 등 일본에서의 알고리즘 디자인을 선도하는 위치에 있다. 이소자키 아라타 씨와 이토우 토요 씨 등 중견

78) ©KeiRiki(역자주)
알고리즘 디자인을 위한 형태발생 프로그램으로 다음 주소에서 다운로드가 가능하다. http://www.makoto-architect.com/KEIRIKI-1/KeiRiki1_5Ja_.html

오에도선 이이다바시역(와타나베 마코토/Architects Office)

KeiRiki-2에 의한 형태/구조체 생성(와타나베 마코토/Architects Office)

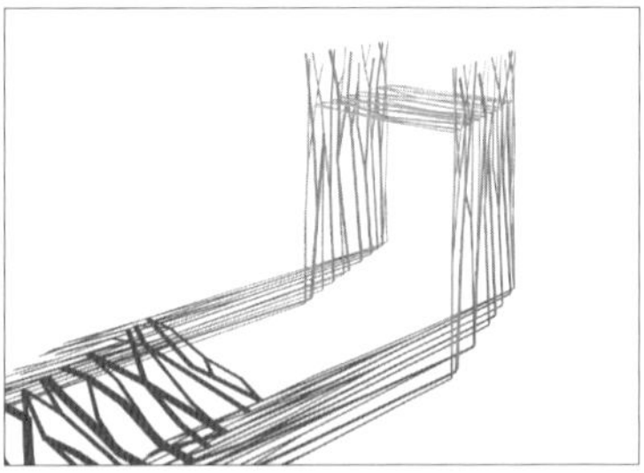

KeiRiki-1에 의한 형태/구조체 생성(와타나베 마코토/Architects Office)

[KeiRiki-1, 2] 프로그램 :
Concrpt, Direciion, Design : 와타나베 마코토, 구조 최적화 프로그램 : 오오사키 준, 어플리케이션 프로그램 : 치바 타카후미

건축가와 구조가인 사사키 무츠로우 씨와의 협력에서도 알고리즘과 극히 가까운 사고방식으로 구축된 작품을 볼 수 있다. 이러한 상황에서 BIM의 도입으로 도전 정신이 풍부한 작품이 합리적인 원가로 일본인 건축가에 의해 다수 창출될 것이다.

지금까지의 디자인 툴로서 BIM과 3차원 CAD는 세계적으로 최첨단 상황만이 아니라 극히 일반적인 프로젝트에서도 서서히 진행

신 미나마타문(와타나베 마코토/Architects office)

되고 있으며 100% BIM이라고 할 수 는 없지만 BIM의 영역에 가까워지고 있는 것까지 예를 들면 더 많은 시도가 있다. 설계자 중에서도 BIM에 필요한 툴을 다루는 능력이 형성되고 있는 것이다. 여기서는 필자가 작업했던 프로젝트를 통해 대형 설계사무소에서 디자인 툴로서 3차원 설계의 상황에 관해 소개하고자 한다.

진보초 시어터 빌딩

이 프로젝트는 동경 진보초의 헌책방거리의 영화관인 진보초 시어터와 코메디극장인 진보초 카게츠의 시어터 COMPLEX의 계획이다. 디자인상의 특징은 천공률을 이용하여 형태 제한의 완화를 유도하면서 가능한 한 바닥면적을 확대하는 것으로 얻을 수 있는 죽순 상의 형태를 내진벽을 겸한 강판으로 감싸고 있는 것이다.

설계로는 몇개의 CAD를 각각 자신 있는 부분에서 사용하는 방법을 취해 설계자가 CAD이용으로 인한 스트레스를 느끼지 않도록 배려했다. 일반적인 계획은 ArchiCAD로 실시하여 클라이언트와의 사전상의에서 통상적인 평면도 이외에 3차원 인테리어를 가시화한 투시도로 단기간에 **조닝계획**[79]을 매듭짓는 방법을 취했다. 외관형상 연구로는 ArchiCAD로부터 출력한 2차원 DXF를 일조 및 천공률 시뮬레이션 소프트웨어인 ADS로 읽어들이고, 천공률을 만족시키는 최대 볼륨의 외벽면 위치를 산출했다. 이 형상을 기초로 외부형상을 SketchUp을 사용하여 이미지를 연구했다. 이것을 AutoCAD에서 읽어들여 콘크리트 구체와 강판의 좌표점을 구하고 강판 작성검토상의 기준점으로 했다.

진보초 시어터빌딩(야마나시 토모히코+하도리 타츠야/닛켄설계/ 사진 노다하루노리/간코우샤)

79) ◎조닝계획

건축설계의 초기의 단계로, 기능을 블록으로 다루고 각각의 기능을 평면적으로 어느 위치에 어느 정도의 상관관계를 갖게 하여 배치할지 검토하는 것을 조닝계획이라고 한다. 일반적으로는 평면계획이라고 하는 경우에 비해서 상세한 건축적인 검토가 아니고 기능의 배치에 한정한 평면계획을 의미한다.

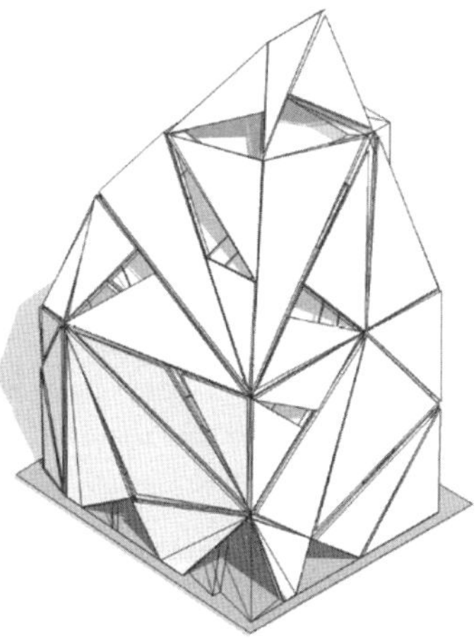
SketchUp의 예(화상제공/닛켄설계)

3차원 데이터는 이외에도 CG와 영상 등 설계를 클라이언트와 합의하기 위한 가시화에도 사용했다. 평면도 및 단면도는 SketchUp의 데이터를 수평, 수직으로 끊은 데이터를 AutoCAD에서 편집하여 **중심선**[80] 등의 정보를 주고 설계도를 작성했다. 이 도면을 작성하는 동안 시공자 결정 이전에 설계단계에서 철골구조와의 사전상의를 시작하였다. 철골구조에는 복잡한 3차원 형상 실현에 컴퓨터 및 시공기술로 정평이 나있는 다카하시공업에 의뢰했다. 의뢰 내용에 맞게 3차원 디지털 데이터를 제출하여 검토 효율을 높인 것은 말할 것도 없고, 대중적인 IPD를 실천한 것이다.

본래는 콘크리트 거푸집의 시공성도 여기서 검토해야 하지만 진보초 시어터 빌딩에 선행하는 토우호우ANNEX의 현장에서 콘크리트 거푸집 업자의 대부분이 이미 3차원 CAD를 이용해 복잡한 거푸집의 공장제작을 실현하여 현장작업을 최소화하고 있었던 상황을 알고 있었기 때문에 이번에는 RC[81]에 관계된 선행연구는 하지 않았다. 복잡한 형상이었으나 3차원 CAD를 사용하는 것으로

80) ◎중심선

기둥과 벽을 배치하는 때의 기준이 되는 선, 혹은 그리드로, 기둥과 벽의 중심을 이 선상에 배치하기 위해서 그리는 선으로 중심선이라고 부른다. 일본에서는 건축계획 시에 기둥과 벽을 배치하는 기준을 먼저 그리고 이 선상에 기둥과 벽을 배치해 가는 것이 전통적이고 일반적이다. 일본에서는 상식적인 설계 방법이지만 실은 미국과 유럽에서는 반드시 일반적인 방법이라고는 말할 수 없다.

81) ◎RC

철근 콘크리트라는 의미로 영문Reinforced Concrete의 약어가 RC이다. Reinforced란 보강되어있다는 뜻이다. 최근에는 유리섬유(Glass fiver)등 철 이외의 재료로 보강된 콘크리트도 있어 이런 경우 보강된 재료이름을 따서 GRC라고 부른다.

타카하시공업에 의한 금형 패널작성 현황.
(닛켄설계)

토우호우 ANNEK(야마나시 토모히코+마키노 켄고
+카츠야 타케유키/닛켄설계)

설계는 컨셉을 세우는 것부터 입찰까지 불과 3개월만에 완료하는 것이 가능했다.

공사는 카지마 건설이 수주하여 실제 시공검토를 시작했다. 그리고 우리들의 설계를 3차원으로 진행한 것과 강판 등의 형상을 확인하는 것을 바탕으로 현장에서도 3차원 CAD를 도입한 시공도 검토가 실행되었으며, 사용된 소프트웨어는 ADT와 SketchUp이었다. 강판 부분에서는 대중적인 IPD를 먼저 실천한 다카하시공업을 채용하는 것이 가격이나 기술적인 면에서 메리트가 있었고 시공자나 클라이언트에게도 납득이 명확했다. 거푸집도 예상대로 전문 공사업자가 3차원 CAD를 이용하여 원활한 제작을 하였다. 이러한 것 중 흥미를 끈 것은 거푸집과 강판을 훌륭하게 매듭지은 카지마 건설이 전통적인 중심선이 아닌 우리들이 설계 시 제출했던 3차원 디지털 좌표를 사용하고 있었던 것이다.

삼각형을 디자인 모티브로 하고 있는 진보초 시어터 빌딩에서는 3점의 좌표가 결정되면 강판과 거푸집의 위치는 자연히 결정되는 한편, 수직과 수평이 거의 없는 이 건물에 있어서는 좌표점이 강력한 무기가 되는 것이다. 이러한 불규칙적인 시공검토를 요하는 현장에 있었지만 카지마건설의 노력과 3차원 CAD도입으로 예상외로 순조롭게 진행됐던 것으로 기억하고 있다. 마감이 3차원이 아니면 이해하기 어려운 부분에서는 시공자로부터도 3차원 검토도가

금형패널 클로즈 업. 용접의 여파가 무보수인 채 남아 있다.(진보초 시어터 빌딩/닛켄설계, 사진 노다 하루노리/간코우샤)

제출되는 등 3차원 설계 시공만이 가능한 현장이 되었다.

물론, 시공검토가 끝나고 실제 시공시 고생의 연속이었다. 비스듬한 벽의 콘크리트를 깨끗하게 타설하기 위해 콘크리트 타설을 현장소장이 직접 지휘했다. 그 덕분에 콘크리트는 대부분 보수를 요하지 않고 가능했다. 클라이언트, 그리고 우리 설계자들도 그 노력에 보답하는 의미로 완전히 노출된 대부분의 부분에서 발수제를 사용하지 않고 그대로 RC면을 내장으로서 사용하는 것으로 변경했다. 이렇게 함으로써 실제로도 디자인상의 효과뿐만 아니라 구체축열과 조습(습기를 조절하는) 효과를 이 건물에 가져오게 되었다.

강판 설치에서도 마찬가지 어려움이 있었으나 우리가 예상하고 있었던 이상으로 정확하게 시공된 것은 3차원 검토의 정확도가 높다는 증거였다고 생각한다. 다만, 시공된 후 강판의 비틀어짐에는 장인기술이라고 할 수 있는 열가공기술이 유감없이 발휘되었고, 그 노력에 경의를 표하여 퍼티 등의 보수는 일절시키지 않고 도장마감만 하는 것으로 오히려 강판다운 마감이 되었다.

시공자나 콘크리트의 거푸집업자에게도, 그리고 강판제작업자에 있어서도 확실히 디지털 장인기술을 발휘한 프로젝트가 되었다. 이렇게 예전에는 불가능하다고 생각되었던 디자인이 상업기반에 관련된 프로젝트에서, 또한 13개월의 공사기간에 실현할 수 있었던 것은 확실히 3차원 설계와 BIM의 공이라고 말할 만하다.

노무라공예사 본사 빌딩

진보초 시어터 빌딩에 이어 우리 팀이 담당한 노무라공예사 본사 빌딩에서는 한층 더 협력의 범위를 넓힌 실천을 시도하는 것이 가능했다. 노무라공예사 자체가 우리와 같은 건축 설계자를 스태프로 고용하는 것부터 3차원 CAD를 사용해 클라이언트와 설계자가 함께 실시간으로 디자인 검토를 실행하는 것을 시도했다.

노무라공예사 본사빌딩(야마나시 토모히코+아시다 토모유키+카츠야 타케유키/닛켄설계, 노무라공예, 오오바야시팀, 사진 노다하루노리/ 간코우샤)

설계의 초기단계 검토는 진보초 시어터 빌딩과 같이 ArchiCAD에 의한 평면 검토와 가시화를 동시에 진행해 가는 방법을 취했다. 어느 정도 Stacking[82]이 확고해진 상태로 그 데이터를 SketchUp에 옮겨서 클라이언트와 집중합숙을 실행하면서 SketchUp을

82) ◎Stacking
평면적인 기능배치를 검토하는 조닝에 대해서 조닝된 결과를 적층하거나 보다 더 입체적인 3차원 기능배치를 검토하는 것을 Stacking이라고 말한다. 건축적인 상세한 검토가 아니고 몇 층에 어떠한 기능을 배치할까? 라는 기능을 짠 검토이다. 대규모의 건축에서는 입체적인 기능 배치를 계획 당초에 실행하는 경우가 많다.

SketchUp에 의한 설계검토(화상제공/닛켄설계)

통해 상호 검토하고, 부분적으로는 벽의 위치 등을 적당히 수정하는 것으로 기본 설계의 골격을 만들어 올렸다. 이러한 방법으로 단기간에 클라이언트의 합의를 얻을 수 있었던 것뿐만 아니라 클라이언트측의 담당자가 SketchUp에 매우 큰 관심을 갖게 되는 결과도 낳았다. 설계도서의 정리는 SketchUp의 정보를 VectorWorks에서 출력하는 것으로 매듭지었다.

이 프로젝트에는 오오바야시 팀이 실시설계자 및 시공자로서 참가하고 있었으나 오오바야시 팀도 Revit을 도입하여 일부에서 3차원 검토를 실시하고 실시설계를 진행해 갔다. 현장단계에서는 작업장과 출입홀, 그리고 임원실 층에서 대폭적인 설계변경작업이 발생했으나 다시 SketchUp에 의한 클라이언트와의 대면 검토에 의해 어떻게든 제때에 건설공기 지연 없이 완료됐다.

이 예는 3차원 설계에 의해 공동작업의 범위를 클라이언트, 기본설계자, 실시설계자, 감리자, 시공자로 확대한 사례라고 할 수 있을 것이다.

목재회관

목재회관은 일본의 전통적인 목재이음을 디지털기술을 이용하여 재생한다는, 즉 '전통기술의 디지털 장인기술'에 의한 부활을 목표로 한 프로젝트이다. 목재회관에서의 클라이언트와 설계자가 원하는 회관의 최상층에서 28m스팬의 공간을 목재로 게다가 집성재를 이용하지 않고 덮어서 목재회관만의 시설을 만드는 것, 그리고 그 기술을 일반 오피스의 최상층에서도 재현하려는 것이다. 사용하는 목재는 105mm각의 노송재이고 재료 상호간 짜맞춰 금속에 의한 접합은 최소한으로 남기고 접착제는 사용하지 않는 방법으로 목재를 서로 짜맞추는 계획으로 했다.

구체적으로는 목재간 섬유방향으로 잇기 위해 전통공법인 옷카케다이센[83] 이음을 사용해 목재를 평행으로 연결하기 위해 마개를 단단히 결속한 상태로 재료를 한데 모으는 방법을 취하고 있다. 즉 이음도 일본의 전통적 이음인 목조가옥을 시초로 많이 사용되어온 방법이다. 다만, 여기서는 이것들을 하나의 재료에 대해 동시에 사용하고 또한 그 이음의 개소가 1본의 보당 수십 개소에 이른다. 따라서 공작 정확도가 어긋나면 재료가 상호 구축될 수 없기 때문에 고도의 가공 정확도가 요구된다.

이 난공사에 도전하는 제네콘은 타이세이 건설이고, 목공사를 담당하는 것이 스에나가 제작소이다.

클라이언트인 동경목재조합에서는 이사장을 비롯하여 목재의

83) ◎옷카케다이센
일본의 전통적인 목조건축에서는 재료를 이어서 장대한 부재를 만들 때에는 이음이라는 세공을 목재의 단부에 가해 상호 이어간다. 옷카케다이센은 이러한 전통적 이음의 하나이다. 목재를 금속을 사용하지 않고 잇는 이음에는 목재를 팽팽히 당긴 때의 강도를 내는 것이 어렵지만 옷카케다이센은 매우 강한 인장강도를 가지는 것이 특징이다. 한편으로 가공이 복잡하기 때문에 오늘날에는 금속으로 목재 상호를 잇는 것이 일반적이다.

목재회관(야마나시 토모히코/닛켄설계+카츠야 타케유키/닛켄 Space Design)

권위자들, 설계자인 닛켄설계에서는 우리 담당자 이외에 목재에 정통한 감리담당자, 시공자인 타이세이건설에서는 현장소장과 목공사의 권위자, 그리고 스에나가 제작소에서는 사장과 전무가 주 담당이 되어 몰두함으로써 확실한 IPD[84]를 진행하고 있다. 현재도 2009년의 준공을 목표로 실험을 되풀이하고 있는 상황이다.

이 중에서도 특필해야 하는 것은 스에나가 제작소의 자랑인 NC공작기가 조각하는 목재가공의 정확도이다. 이음을 NC공작기가 컴퓨터에 입력된 형상데이터를 기초로 여러 개의 칼을 적재적소에 사용하기 때문에 조각해 가는 모양은 압권이다. NC공작기계 자체는 특별히 목공사용으로 만들어진 것이 아니고 노하우는 NC공작기의 칼 설계에 있으므로 확실히 디지털 시대가 되어도 장인이 손수 도

84) ◎IPD
88페이지 참조

스에나가 제작소의 NC공작기에 의한 가공 상황

가공을 마친 목재

구를 만드는 것에서부터 시작한다는 것을 알 수 있다.

공작기에 의해 가공된 목재는 정밀기계와 같은 정확함으로 맞물려 간다. 이 정확도에는 목재에 정통한 동경목재조합의 관계자도 놀라움을 감추지 못할 정도다. 이러한 전통적인 기법을 컴퓨터와 연동한 공작기와 그것을 이해하고 되살린 디지털 시대 장인의 혼이 여기서는 알고리즘 디자인에서 요구되는 것과 전혀 다른 장인기술이 되어 발휘되고 있는 것이다.

디지털 시대를 맞이하여 예전의 장인기술이 상실되고 이것들이 지탱하고 있던 멋이 건축으로부터 사라지는 것을 한탄하는 목소리도 있지만, 이렇게 새로운 장인기술이 컴퓨터의 개입에 의해 다시 태어나고 있는 것이다. 설계와 시공에서도 이 장인기술과 마찬가지로 새로운 시대에 적합한 새로운 능력을 보이고, 시대에 딱 들어맞는 건축 비즈니스를 위해 나갈 필요가 있다고 생각한다.

여기에서 소개한 사례는 내가 관계됐던 프로젝트이고 3차원 설계를 기반으로 한 BIM으로는 극히 한정적인 실천적 예이다. 마찬가지로 실천은 이미 일본의 각소에서 동시다발적으로 발생하고 있을 것이다.

BIM을 실천하는 툴

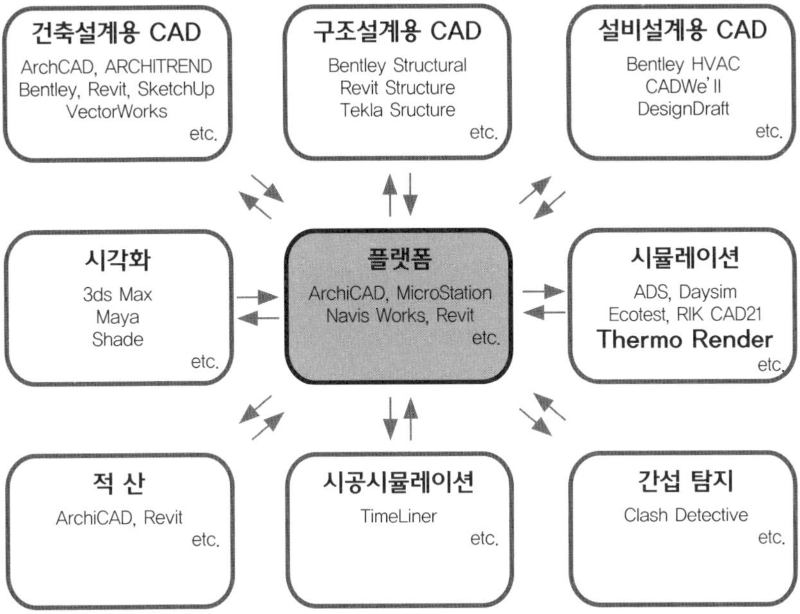
건축설계용 CAD
ArchCAD, ARCHITREND
Bentley, Revit, SketchUp
VectorWorks
etc.
구조설계용 CAD
Bentley Structural
Revit Structure
Tekla Sructure
etc.
설비설계용 CAD
Bentley HVAC
CADWe'll
DesignDraft
etc.
시각화
3ds Max
Maya
Shade
etc.
플랫폼
ArchiCAD, MicroStation
Navis Works, Revit
etc.
시뮬레이션
ADS, Daysim
Ecotest, RIK CAD21
Thermo Render
etc.
적 산
ArchiCAD, Revit
etc.
시공시뮬레이션
TimeLiner
etc.
간섭 탐지
Clash Detective
etc.

지금, 실현가능한 BIM 환경의 구축

본 장을 마무리하면서, 일본의 현시점에서 입수 가능한 소프트웨어로 BIM의 실천적 환경을 구축하려면 어느 정도일까를 생각해 보고 싶다.

필자는 BIM을 위한 툴은 특정 CAD가 사실상의 세계표준이 되어 독점적인 위치를 차지하는 것은 아니라고 생각하고 있다. 따라서 BIM 툴에 관해서는 Open Standard의 원칙이 적용될 수 있어야 할 것이다. 현 시점의 일본에서 3차원 데이터 교환은 지금까지의 형상정보만을 가진 DXF파일로부터 여러 가지 건축정보를 가진 IFC파일로의 이행기이다. 따라서 가까운 장래에는 BIM 관련 소프트웨어를 판단하는 기준은 IFC를 표준으로 하고 있는가 아닌가라는 점이 된다고 생각된다.

단, 현시점에서는 플랫폼이 되는 소프트웨어측의 노력으로 세계적으로 유통되고 있는 3차원 CAD의 데이터라면 플랫폼측이 읽어들일 수 있는 구조가 되고 있다. 따라서 실무상 대부분 3차원 대응의 모든 소프트웨어라면 BIM에 짜넣는 것이 가능한 상황이다. 일본 내에서 실제로 접하거나 견본을 본 경험이 있는 소프트웨어만 가지고도 앞과 같은 차트를 그릴 수 있는 상황이다. 이들 소프트웨어가 각각 자랑하는 부분을 짊어지고, 최종적으로 플랫폼이 되는 소프트웨어상에 데이터를 모은다면, BIM을 구축하는 것이 가능한 것이다.

물론 반복적이지만 BIM 자체가 시작된 지 얼마 되지 않은 설계기법이고 일본에서는 지금부터 널리 실행될 기법이다. 따라서 BIM에 대응한 CAD와 툴이 지금부터라도 속속 등장해 올 것이다.

필자도 여기서 게재한 소프트웨어의 우위성을 주장할 생각은 없고, 이 차트는 매일 바꿔 그려져야만 할 것이라고 생각한다.

제 6 장

BIM으로 다시 태어난 일본의 건축 비즈니스

BIM은 일본 건축 비즈니스의 무엇을 바꾸는 것인가?

BIM이 가져오는 변화

일본 건축가 입장은 구미 특히 영국에 비하면 사회적으로 지위도 낮고, 인지도도 낮다고 이야기한다. 한편, 일본의 제네콘은 건축 비즈니스 중에서 담당범위가 미국과 유럽에 비해 포괄적이어서 클라이언트에게는 편리한 반면, 그것이 건축 원가 불투명의 원흉이 되고 있다는 목소리도 있다.

또한 건설자와 시공자가 일본 내의 업무에 의존도가 극히 높은 것도 일본 건축 비즈니스의 특징이 될 것이다. 프로젝트 진행 속도에 관해서 일본은 이미 구미와 비교해도 매우 신속히 실행되고 있다고 할 수 있다. 그러나 설계와 시공의 높은 정확도와 신속성에 비하면 보수(대가)가 적다. 이러한 상황과 최근 수년간 일본시장의 축소를 생각하면 지금까지 일본 내에 머물고 있는 건축 비즈니스도 시장을 해외로 요구해가지 않을 수 없는 상황이다. 여기에 내진강도 위장문제에서 발단한 설계자, 시공자의 불신과 건축 인 · 허가신청의 장기화가 겹쳐 건축 비즈니스는 자금과 부의 소용돌이로 추락할 상황에 처해 있다.

이때 건축 비즈니스계의 비즈니스 모델의 변혁을 도모할 필요가 있다. 이러한 상황에서 BIM이 건축 비즈니스를 변혁시킬 수 있는 가능성이 얼마나 있는지를 정리해 보자.

누가 BIM을 책임질 것인가?

BIM은 프로젝트 전체에는 큰 효과를 가져오지만 BIM의 제작

BIM이 일본의 건축 비즈니스를 바꾸는 것

본서에서 다룬 BIM이 변혁할 가능성이 있는 것은 다음과 같다.

◎ 설계와 시공 등, 업무의 책임 범위

◎ 클라이언트, 설계자, 시공자의 상관관계

◎ 공사의 발주, 계약형태

◎ 건축, 구조, 설비라는 설계의 구분

◎ 건축부재 메이커와 전문공사업자와 설계자, 시공자의 관계

◎ Facility Management와 가구 메이커와 설계의 관계

◎ 건축 비즈니스에서 전자상거래의 자리매김

◎ 건축 비즈니스에 관련있는 여러 가지 신청

면만을 채택하면 지금까지 없었던 작업부하가 발생하는 것은 틀림없다. 이 작업부하 증가의 흡수는 설계자 단독으로는 처리하기 힘든 문제이고, 프로젝트에 관여한 여러 이해관계자의 협력이 필수불가결하다. 그러나 이해관계자가 일체가 되어 본격적인 BIM을 전개하기 위해서는 어떻게 해서든지 넘지 않으면 안 될 큰 벽이 있다. BIM의 구축을 누가 맡아, 누가 그 책임을 지고, 그 작업부하를 프로젝트에서 얼마나 끌어낼까라는 문제이다.

88페이지에서 소개한 미국의 IPD에서는 이점이 낙관적으로 느껴진다. 좋은 의미에서는 프로젝트마다 클라이언트, 설계자, 시공자가 협의하여 책임과 리스크와 보수를 서로 이야기하게 되어 있지만 그렇게 간단하지는 않을 것이다. 필자 역시 각각이 부담하는 리스크와 책임과 보수를 힘 있게 균형을 맞춰 각각이 분담하는 일을 최적으로 수행하고 좋은 의미에서의 긴장을 유지한 구조의 구축이 중요하다고 생각하고 있다.

BIM의 작성이 설계의 연장이라고 파악한다면 설계자의 일이지만 설계자의 일은 명백히 증대되고 그것을 사용하여 시공하는 시공자의 수고는 명백히 감소한다. 설계자는 일에 중대한 책임이 증가하는 대신 그 담보를 얻기 위한 클라이언트에게 부담이 되지 않는 범위에서 업무의 확대를 생각할 수 있다. 예를 들면, 설계사무소가 CM(Construction Management 112페이지 참조)적인 색채를 강화하는 것으로 이어져 일본에서도 분리발주가 진행될 수 있다.

한편으로, BIM작업을 현재 종합도의 연장이라고 파악한다면 설계자의 담당은 증가하지 않지만 시공자의 담당은 증가한다. 그러면 제네콘은 설계시공에서 일을 담당하고 싶다고 생각할 수도 있다. 또 BIM의 역할을 라이프사이클 측면에서의 건물 관리상의 툴이라고 생각하고 클라이언트 측에서 작성하면 설계자나 시공자도 편리한 대신 클라이언트의 작업은 늘어난다. 그렇게 되면 반드시 클라이언트는 자신이 CM이 되어 분리발주로 움직일 것이고, 적산파트와 같이 제3자의 입장에서 프로젝트에 참가를 목표로 하는 무리도 나타날 것이다.

새로운 효과와 책임에 의거한 새로운 직종의 등장이다. BIM을 도입하면 프로젝트 전체에 관해서는 여러 종류의 효과가 있는 한편, BIM 작업을 담당하는 주체에게는 큰 부담이 되고 작업에 따른 책임이 증가한다. 이 부담과 책임을 프로젝트 팀에서 서로 나눠서 프로젝트 전체에서의 이익을 책임의 무게에 맞춰 분할한 새로운 건축업무의 책임과 역할 분담의 구축이 필요한 것이다. 모든 이해관계자에게 있어 효과가 있는 구도를 그리고, BIM을 자리매김하는 쪽이 업계의 새로운 구도에서 중심적인 역할을 하게 될 것이다.

유감스럽게도 BIM 선진국인 미국에서도 BIM을 둘러싼 작업분담과 책임 소재에 관해서는 현 상태에서 명확한 해답이 보이지 않고 있다. 이 문제는 확실히 오늘날과 같은 건축계의 글로벌한 문제가 될 것이다.

일과 책임에 관계된 변혁

BIM이 건축 비즈니스계 구도의 변혁 중, 가장 가능성이 높은 것은 클라이언트와 설계자, 그리고 시공자의 관계일 것이다. 지금까지는 동일한 프로젝트에 관계하면서도 3자는 서로 독립된 기업과 개인과의 관계이고 동일 프로젝트로부터 이익을 얻는 운명공동체라는 의식이 적었다. BIM에 의한 설계와 시공정보가 투명화되어 실시간으로 분명하게 되는 것으로 프로젝트에 관계되는 3자 사이의 정보 공유로 나아가고 운명공동체로서의 의식이 높아질 가능성은 높다.

한편 BIM의 도입에 의해 일의 정점을 앞당기게 된 것은 확실하다. 이러한 사실은 클라이언트, 설계자, 시공자의 관계와 일의 범위, 그리고 책임범위에 변화를 가져올 것이다. 상호 변화만이 아니라 각각의 내부에 있어서도 변화가 발생할 것이고, 그것은 3자만이 아니고 서브콘과 전문공사 메이커, 가구 메이커, CAD소프트웨어 메이커 등, 건축 비즈니스를 구성하는 광범위한 관계자의 비즈니스를 각각 변혁할 가능성이 있다. 여러 외국의 사례를 기초로 BIM에 의한 정보 공유화에서 클라이언트, 설계자, 시공자, 그리고 그것들을 둘러싼 건축 비즈니스 관계자의 상호 관계 변화를 생각해 보자.

관계자의 상호관계 변화

BIM에 의한 건축 비즈니스 관계자의 상호 관계 변화를 생각하는 데 있어 참고가 될 수 있는 것이 있다. IPD의 교과서라고 할 수 있는 「Integrated Project Delivery Guide」(88페이지 참조)의 예는 IPD를 진행해가는 팀 체제의 예를 몇 가지 보이고 있다. 이것을 현 상황의 일본 건축 비즈니스에 딱 맞는 형으로 번역해보면 다음과 같은 정리를 할 수 있을 것이다.

미국형 IPD방식

클라이언트, 설계자, 시공자가 일체가 되어 프로젝트를 수행하는 구조를 구축하고, 프로젝트에 관계된 수입과 지출을 오픈하여 공통의 손익으로 프로젝트를 추진하는 체제인 IPD를 진행해서 BIM의 효과를 최대한으로 활용하기 위해 이상적이라고도 할 수 있는 체제이다. 이 체제를 위해서는 설계자와 시공자 등 법규에서 얽매인 직능과 이 방식을 정합시킨 팀업을 위한 계약방식이 중요하게 된다. 협정을 맺거나 특정 목적회사를 설립하는 것으로 각각의 독

BIM이 바꾸는 클라이언트 · 설계자 · 시공자의 관계

BIM의 도입에 의해 프로젝트 특성에 맞추어 다양한 발주형태 중 최적의 것을 선택하는 시대가 된다.

◎ 미국형 IPD방식
IPD의 이상적인 실천을 위한 3자 상호 관계에 의해 계약을 행한다.

◎ Multi Prime 방식
이른바 분리발주 방식

◎ Construction Management CM at Risk방식
Construction Manager가 클라이언트를 대신해서 행하는 분리 발주방법

◎ Design Build 방식
설계자와 시공자가 팀을 짜서 공동으로 클라이언트에게 발주를 받는다.

◎ 설계시공 일괄 방식
일본 독자 방식. 클라이언트에게 설계와 시공을 동일한 기업이 발주받는다.

◎ Design Bit Build 방식
클라이언트가 설계와 시공을 제각각 별도로 발주하는 일반적인 방식

◎ 일본형 IPD방식
미국형의 IPD로 가격경쟁을 가미해, 일본의 현 상태에 맞는 방식

◎ 민간형 PFI방식
PFI에 있어서 클라이언트, 설계자, 시공자의 공동 체제를 민간공사에 전용한 방식

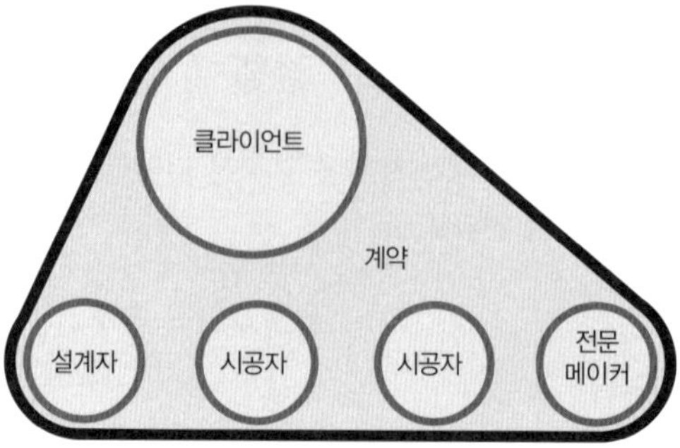

미국식 IPD 개념도

립된 입장과 책임을 유지하면서 팀으로서의 책임과 프로젝트 실행 체제를 확립할 필요가 있다(Multi Party Agreement).

한편으로, 공사비 결정에 있어 경쟁원리를 움직일 수 없다. 클라이언트, 설계자, 시공자 사이에서 신뢰관계가 구축되고 있는 것이 전제가 되는 팀 구성이라고도 할 수 있을 것이다.

Multi Prime방식

클라이언트 자신이 Construction Manager가 되어 설계자와 서브콘 등과 개별적으로 계약을 맺는 방식이다. 일본에서 분리발주라고 하는 방식이다. 일본에서는 관공청 프로젝트에서 눈에 많이 띄는 이외에 클라이언트측이 건설 프로젝트에서 매니지먼트 수행이 가능한 체제를 가진 디벨로퍼와 메이커의 일부에서도 이 방식에 의한 발주를 실행하는 경우가 있다.

클라이언트 자신이 Construction Manager를 실시하는 것으로 공사의 총괄에 필요로 하는 비용감소를 기대할 수 있지만 거기에 걸맞은 공사발주 경험을 클라이언트측이 가지고 있을 필요가 있다. 특정 공사의 발주시기를 앞당길 수 있으면 그 부분의 시공상 노하우를 설계프로세스에서 받아들이는 것이 총괄비용감소 효과를

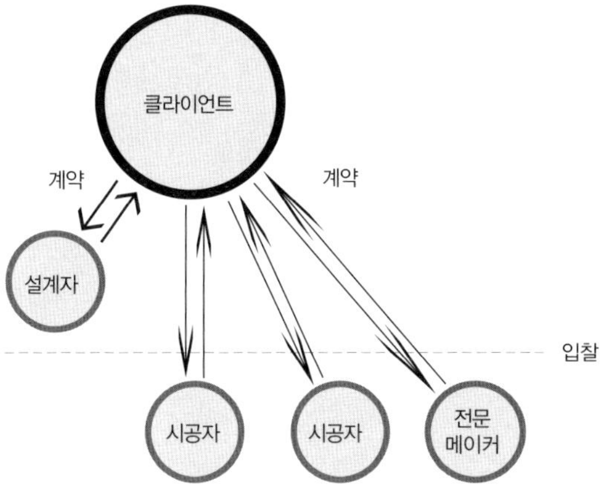

Multi Prime(분리 발주)방식

유지하면서 비교적 간단하게 할 수 있다.

일본 제네콘 각사는 Project Management, 가설공사, 토공사, 콘크리트공사에 관하여 독자적 노하우를 보유하고 있는 것은 확실하다. 또 이외의 부분에 관해서는 분업화가 진행되기 때문에 실제로는 전문공사업자와 전문메이커가 시공노하우를 가지고 있는 시대가 되고 있다. 이러한 상황에서 클라이언트의 일부는 제네콘의 담당 범위를 역으로 한정하여 분리발주를 생각하기 시작하고 있다. 지금까지는 종합도가 마지막으로 시공의 품질을 높이기 위한 큰 역할을 완수하고 있었으나, BIM 실천에 의한 3차원으로 겹친 도면을 작성하고 간섭발견을 설계 시에 완료해 두면 분리발주의 기회는 증가하는 방향으로 이어질 것이다.

설계사무소는 보다 프로젝트 매니저의 성격을 강화하여 시공측은 구미의 분리발주를 전제로 한 것에 가까워진다. BIM은 일본 독자적인 설계시공일괄 발주 방식에 변혁을 생각해야 할 가능성이 있다.

◎ CM(Construction Management) at Risk방식

설계에 관해서는 클라이언트가 건축가와 직접 계약을 실행한다. 시공에 관해서는 클라이언트가 CM(Construction Management)을 도급맡는 회사와 일괄적으로 계약하고 CM을 책임지고 떠맡은 회사가 개별 서브콘과 계약을 맺는 방식이 CM방식이다. 이 중에서도 특히 CM회사가 공사비의 리스크도 책임진 경우를 CM at Risk 라하고 있다.

CM을 제네콘에 옮겨놓고 생각하면 제네콘으로의 공사 일괄발주방식에 극히 가까운 형식이라고 할 수 있다. 그러나 본래는 전체 설계가 완료되기 이전에 부분발주를 실행하는 것으로 설계에 전문메이커의 노하우를 주입하면서 스케줄 단축을 위한 부분도 있었지만 이러한 발주의 실천 예가 일본에는 적다. 부분 발주에 앞서 개개의 부분에서 시공 노하우를 받아들이는 것은 Multi Prime방식과 마찬가지로 가능성이 있다고 할 수 있을 것이다.

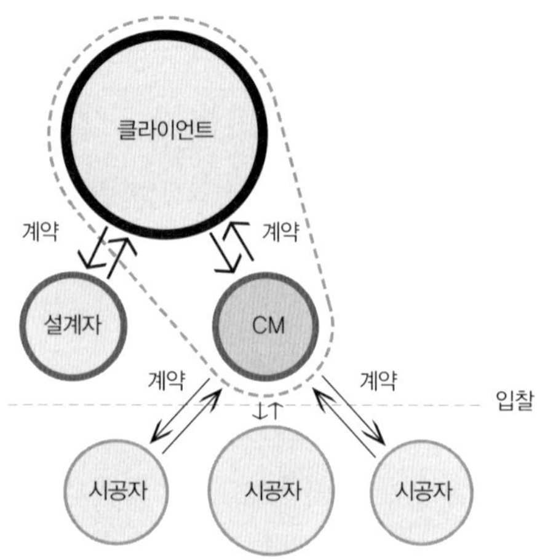

Construction Management CM at Risk방식

◎ Design Build방식

건축가와 시공자가 Design Build 팀을 짜서 그 팀이 클라이언트와 계약을 맺는 방식으로 설계자와 시공자는 각각 독립된 존재이지만 프로젝트 수행을 위한 팀업을 해서 프로젝트의 책임체제를 일원화한다. 설계자와 시공자가 하나의 팀을 형성하기 위해 당연히 시공 노하우를 설계에 피드백할 수 있다. 여기서 클라이언트의 적극적인 개입이 있으면 보다 Multi Party Agreement방식에 가깝고 IPD 실천을 위한 이상적인 팀업에 가깝다.

일본의 특징인 제네콘에 의한 설계시공 일괄 프로젝트 수주가 이에 가까운 것으로 보이지만, 건축가와 시공자의 관계가 독립된 대등한 관계가 아닌 점이 다르다. 시공노하우의 설계로 피드백 등의 효과에 의한 공사가격 압축의 매력은 있지만 공사가격 불투명성 등의 문제도 남는다.

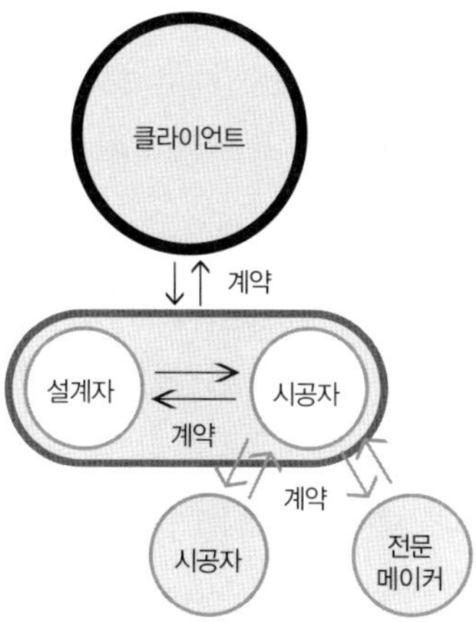

Design Build 방식

◎ 설계시공 일괄방식

이미 일본에서는 광범위하게 실천되어온 건축 비즈니스의 구도이다.

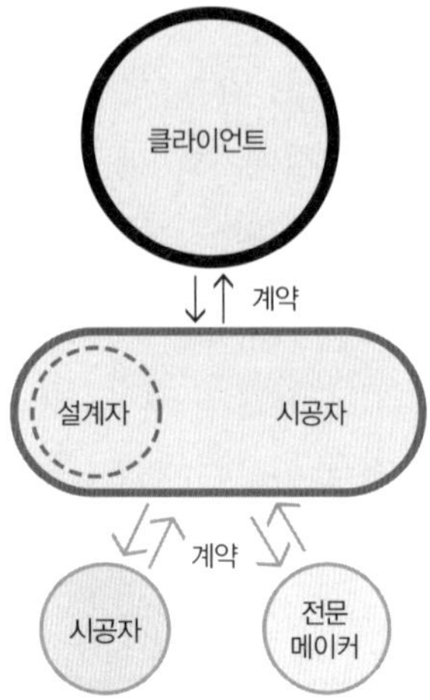

일본형 설계시공 일괄 방식

설계, 시공, 경우에 따라서는 관리와 A/S도 제네콘 관련회사에서 실행되는 경우도 있기 때문에 BIM의 효과가 되살아나게 할 가능성은 매우 높다. 설계로의 시공 노하우의 조기 피드백도 동일 기업 내에 있기 때문에 원활하게 실행할 수 있을 것이다. 따라서 제네콘 각사는 효율화, 프로젝트의 단축화를 목표로 이후의 BIM을 크게 추진해가는 방향이 된다고 생각된다. 이것은 일본만이 가능한 BIM이라고 할 수 있을 것이다. 여기서의 문제는 클라이언트가 건설원가 결정시 경쟁원리를 작용시키는 것이 불가능한 것과 건설원가 투명화의 2가지이다.

경쟁원리에 관해서는 설계시공 일체로의 기술제안, 콤페, 입찰 등에 의해 어느 정도의 해결이 가능할 것이다. 단, CSR(기업의 사회책임)의 시대가 되어 제네콘측도 공사금액의 정당성을 객관적으로 Stakeholder(기업의 이해관계자 = 클라이언트)에 설명할 책임이 높게 된다. 설계완료 시점에서 다른 시공자를 넓게 포함시킨 재입찰 등을 실행하고 가격의 정당성을 명확하게 하는 등의 프로세스를 구할 수 있는 가능성도 높아진다.

여기서 BIM을 사용한 실시간 수량 명시 등, 클라이언트측이 요구할 수 있는 원가자료를 빠르게 제시할 수 있는 구조를 구축하고 클라이언트에게 설명의 책임을 완수하는 시스템 구축이 필요하게 된다. 여기서는 원가를 특화하여 지적했지만 원가뿐만 아니라 디자인 성능, 그리고 시공 품질에도 그 투명성이 요구된다. 제네콘 각사가 BIM을 사용하는 것으로 클라이언트가 요구하는 정보를 적절히 게다가 눈에 보이는 형태로 제공할 수 있는 비즈니스 모델을 구축할 수 있으면 설계시공 일괄 수주의 도식은 일본을 넘어 세계에 새롭게 등장할 비즈니스 모델이 될 가능성이 있다.

◎ Design Bit Build방식

설계에 관해서는 클라이언트가 건축가와 직접 계약을 실행하지만 시공에 관해서는 설계완료 후에 입찰을 실시할 제네콘을 결정해서 클라이언트가 모든 공사를 도급맡을 제네콘과 계약하는 방식이다.

미국에서 가장 표준적인 계약방식이고 일본에서도 디벨로퍼 등

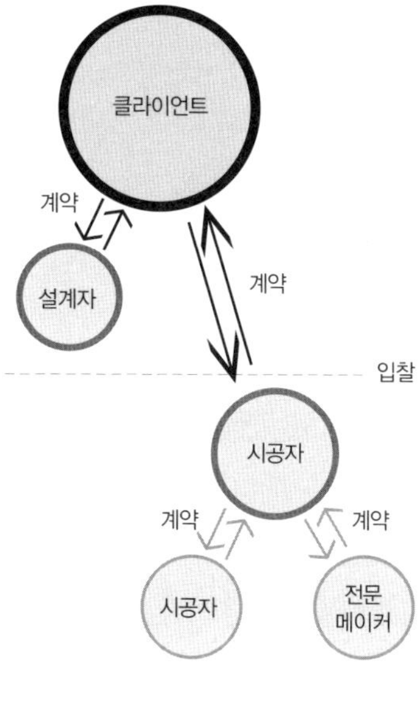

Design Bit Build 방식

이 대형 프로젝트의 발주를 실행할 때에는 현재 가장 일반적으로 하고 있는 발주방식이다.

설계가 완료된 후에 입찰을 실시, 입찰 시의 제네콘 상호 경쟁에 의한 가격을 억제하는 것이 목적이기 때문에 제네콘의 노하우를 설계시점에서 활용하는 것은 어렵다. 시공자의 노하우를 받아들이기 위해서는 기본설계를 앞당겨 발주를 실시하게 되지만 그렇게 되면 이 시점에서 결정하는 공사발주 금액의 정확도가 떨어지기 때문에 최종적으로는 공사비의 수정이 필요하게 되는 등의 문제점도 있다.

◎ 일본형 IPD방식

다음에 생각할 수 있는 것은 미국에서 실천이 시작된 IPD의 일본형 실천이다. 이에 의해 클라이언트, 설계자라고 하는 구도가 변화할 가능성이 있다. 원래 독특한 설계시공 일괄의 전통이 있는 일본에서는 클라이언트가 신뢰할 수 있는 형식을 갖추고 공사가격의 투명성을 담보할 수 있으면 설계자와 시공자의 공동작업에 의해 품질을 향상시키면서 설계부터 시공까지의 스케줄 단축이 도모되는 IPD는 받아들여질 소지가 있다고 할 수 있다. IPD에서는 클라이언

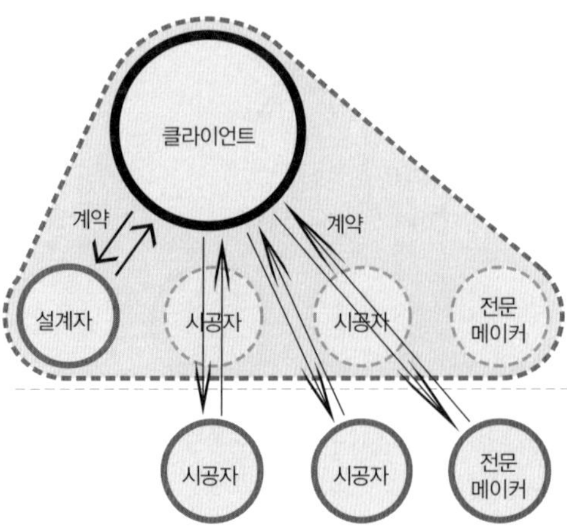

일본형 IPD방식의 개념도

트, 설계자, 시공자 각각의 역할과 법적 책임 자체는 변하지 않고 단지 공통의 이해관계를 추구하기 위한 정보 공유방법이 다를 뿐이므로 실천에 따른 변혁의 폭은 작다. 지금까지도 민간 프로젝트의 일부에서 실행되어온 설계자와 시공자의 설계시점에서 정보교환이 오픈됨과 동시에 클라이언트에게 불이익이 없는 형태로 진행되는 것이므로 이익이 커질 가능성이 높다.

BIM에 의한 설계부터 시공단계에 이르는 정보를 프로젝트 관계자가 공유하는 것으로 클라이언트, 설계자, 시공자 사이에 공통의 이해관계에 입각하여 신뢰관계를 쌓는 것이 가능하면 당장이라도 일본형 IPD는 개시될 것이다.

◎ 민간형 PFI방식

117페이지에서 소개한 것처럼 PFI는 본래 민간의 활력을 이용

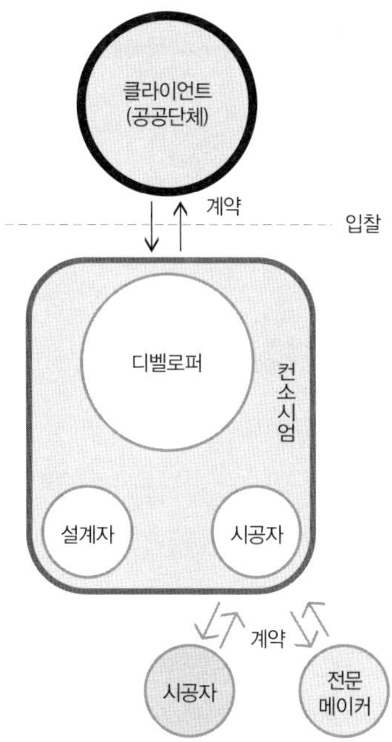

PFI 개념도

하여 공공시설 정비와 운영의 효율화를 도모하는 것이다. 그러나 디벨로퍼, 설계자, 시공자의 컨소시엄은 민간프로젝트에도 적용 가능한 것이다. 사실 PFI의 본가인 영국에서는 민간형 PFI를 시행하고 있다.

BIM에 의해 팀 내의 정보가 투명화되어 공유되면 일본에서도 민간형 PFI라고 할 수 있고, 디벨로퍼와 설계사무소, 시공자가 컨소시엄을 형성하고, 공통의 이해관계 개념을 가진 프로젝트에 몰두하는 경우가 늘어날 가능성은 높다.

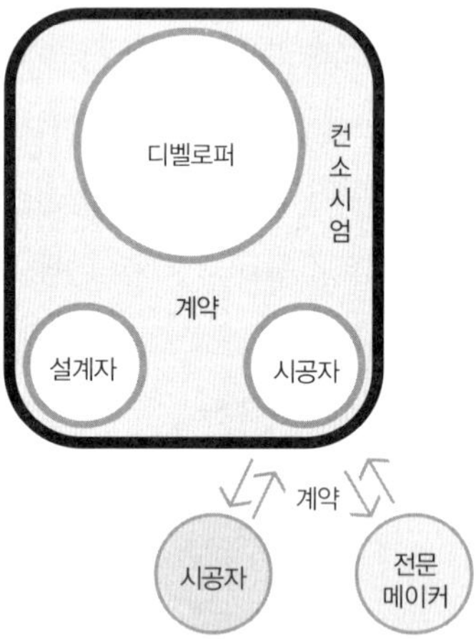

민간형 PFI 개념도

미국형 IPD의 문제점

당연히 각각의 팀 편성 방식에 의해 장·단점이 있다. 또 미국과 일본의 건축 비즈니스의 매너와 전통의 차이도 있고, 미국의 방식을 그대로 일본에 적용할 수는 없을 것이다.

예를 들면, 'Integrated Project Delivery Guide' 에는 클라이언트와 설계자, 시공자의 통합에 따른 효과와 공동책임이 기술되어 프로젝트 공통의 이해관계자로서 3자를 동일하게 다루고 있지만 개인적으로는 의문도 있다. 우선, 프로젝트에 대한 리스크가 3자에게는 크게 다르게 작용할 것이다. 물론 클라이언트가 가장 큰 리스크를 안고 있기 때문에 시공자와 설계자가 이것을 능가하는 리스크를 짊어지지는 않고, 기대하는 이익의 크기도 다를 것이다.

한편, 대부분의 경우 클라이언트는 전문가가 아니고 설계자와 시공자는 전문가이다. 큰 리스크를 짊어지는 클라이언트가 그 역할의 일부를 전문가인 건축가와 시공자에게 위탁하는 것은 당연하고 전문가는 그 역할을 클라이언트에게 대행해 주는 대가로 보수를 얻고 있다.

따라서 3자가 구성하는 프로젝트를 수행하기 위한 팀은 책임의 크기나 리스크의 크기, 그리고 기대하는 대가의 크기도 다르기 때문에 그 구도에 기초한 협력이 필요하겠지만 미국에서 진행되고 있는 IPD 내에서는 아무래도 그 시점이 보이지 않는다. 건축가에게 있어서 이상적인 공동체제로 보이고 시공자도 초기부터 프로젝트 참가가 실현되어 쌍방에는 큰 효과가 없을 것이다. 그러나 클라이언트가 없애고 있는 리스크에 걸맞는 확실한 대가를 가져오기 위한 원가의 투명성과 원가절감을 위한 시장원리의 적용이라는 면에서는 아무래도 힘이 부족하다. 물론 프로젝트의 소요시간 단축 등에 의한 클라이언트에게의 효과 등은 있지만, 이것으로는 중요한 클라이언트가 따라 오지 않는다.

BIM이 건축 비즈니스에 개혁을 가져오기에는 클라이언트나 설계자, 시공자에게도 리스크에 상응하는 대가를 가져오는 투명한 구조를 구축할 필요가 있다. 그러기 위해서는 미국류의 BIM과 IPD를 필연적으로 연결하는 사고방식을 버리고, BIM에 의해(IPD를 포함시켜 여기에 나타냈다) 다양한 팀 구성의 선택지가 증가했다고 생각할 수 있다. 각각의 팀 편성의 결점을 이해하고 각각의 상황에 어울리는 팀 구성을 고르는 것이 건축 비즈니스를 확대하고 활기를 가져오기 위해 필요하다고 생각한다.

IPD에 있어서 BIM은 필수품일지도 모르지만 진정한 IT혁명인 BIM은 IPD에만 머무르지 않고 여러 가지 팀 구성에서 위력을 발휘해야 한다.

BIM에 의해 등장하는 여러 가지 직능

Building Information Model

「환경설계」의 등장

BIM에 의해 설계팀 내의 구도에도 큰 변화가 나타날 가능성이 높다. 현재 일본 내에서 실행되고 있는 건축설계는 크게 5종류의 전문 분야에 의한 팀워크로 실행되고 있는 것이 일반적이다.

- 건축설계
- 구조설계
- 기계설비설계(공조, 위생)
- 전기설비설계
- 적산

대형 설계사무소라면 이들 팀 멤버가 전부 하나의 회사 내에 존재하지만 대부분은 각각의 팀마다 독립된 회사로서 운영되고, 통상 프로젝트마다 설계사무소가 중심이 되어 계약을 맺고 협력하고 있다. 한편 환경의 시대를 맞아 기업도 자사의 CSR속에 환경에 대한 목표와 그 실현을 위한 로드맵을 공표하는 시대가 되었다. 건설 프로젝트와 그 건설의 관리 운영에 있어서 CO_2 감소를 시작으로 한 환경 배려의 검토는 어느 프로젝트에서나 큰 테마가 되고 있다. 또 대형개발 프로젝트에서는 환경 배려가 행정부터 구체적으로 요구되는 시대가 되었다. 예를 들면 CASBEE와 PAL 등 지금까지는 설계의 후반에서 소문이 떠돌았던 환경적인 꼬리표가 계획의 가장 초기 단계에서 의논되어 목표치가 설정되는 시대가 된 것이다. 대형 프로젝트에서는 보다 고도로 혁신적인 환경시책이 검토될 것이고, 그를 위해서는 기존의 5개 분야에 걸쳐 환경을 축으로 한 새로운 설계업무인 '환경설계(eco design)' 가 필요하게 될 가능성은 높다.

필자가 소속된 닛켄설계에서도 '환경 계획실' 이라는 환경 시점부터 설계를 추진하는 팀과 '닛켄 설계종합연구소(NSRI)' 라는 보다 학술적인 시점에서 환경으로의 대처를 연구하는 팀이 있다. 이들 팀은 어느 프로젝트에서도 설계 초기부터 프로젝트에 참여하여 사내 컨설팅을 실행하거나 환경계 시뮬레이션의 정리와 설계로의 피드백을 떠맡게 된다. BIM에 의해 프로젝트의 목표가 설계와 시공에 머무르지 않고 라이프스타일로 파악되어 설계에 피드백을 요

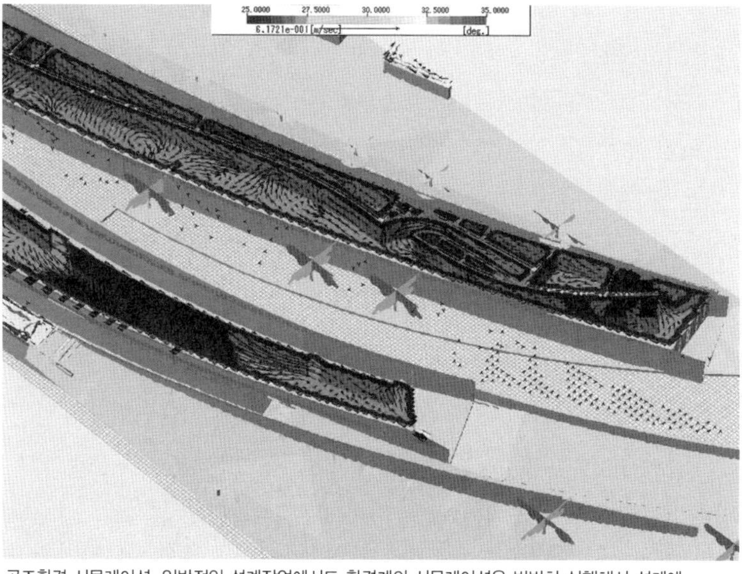

공조환경 시뮬레이션, 일반적인 설계작업에서도 환경계의 시뮬레이션은 빈번히 실행해서 설계에 그 결과를 피드백하는 것이 당연한 시대가 되고 있다.(화상제공/닛켄설계)

구할 수 있는 것은 쉽게 상상할 수 있다. 그렇게 되면 설계 시 상정된 환경적인 흥행은 '환경도' 라는 설계도서에 모아지고, 시공시점과 관리시점에서 그 환경도에 뒤따른 흥행이 실현될 수 있는가를 확인할 수 있는 새로운 설계 분야인 '환경설계' 와 그 아우트라인인 '환경도' 가 BIM의 일반화에 의한 설계도서에 편입되는 시대는 의외로 가까울 수 있다.

가령 환경도가 독립된 도면이 되면 당연히 그 내용을 실현하는 시공측의 직능이 필요하게 되어 시공측의 분담에도 변화가 생기는 것이다. 여기서는 설계자 입장에서 먼저 환경도가 작성되는 방식이었지만 실제로는 환경공사가 먼저 출현할 가능성도 있다. 환경평가에 걸맞은 전문공사업자가 탄생하고 공사금액이 커져 전문성이 높아지면 가능성은 충분하다. 전문공사가 독립하지 않는다고 해도 환경에 관계된 설계와 컨설팅, 성능검증이 독립되어 환경엔지니어링 전문 컨설턴트라는 직능을 낳을 가능성도 생각할 수 있다. 환경설계가 먼저일까? 환경도가 먼저일까? 환경공사가 먼저일까는 '닭과 계란' 의 논리와 같지만 결국 시대는 환경에 관계된 새로운 직능이 생겨나야 할 것이다.

여기서도 BIM은 그 직능을 탄생시키는데 있어서 큰 영향을 가질 것이다.

메이커 전문공사업자의 변혁

BIM의 등장은 많든 적든 건축부재를 생산하는 전문메이커와 전문공사업자 전반에도 변혁을 요구하게 된다.

BIM으로의 편입을 원활하게 실행할 수 있도록 건축부재의 상당수는 IFC에 의한 데이터를 준비하고 인터넷상으로부터 자유롭게 다운로드할 수 있는 것이 중요하다. 기존의 부재뿐만 아니라 설

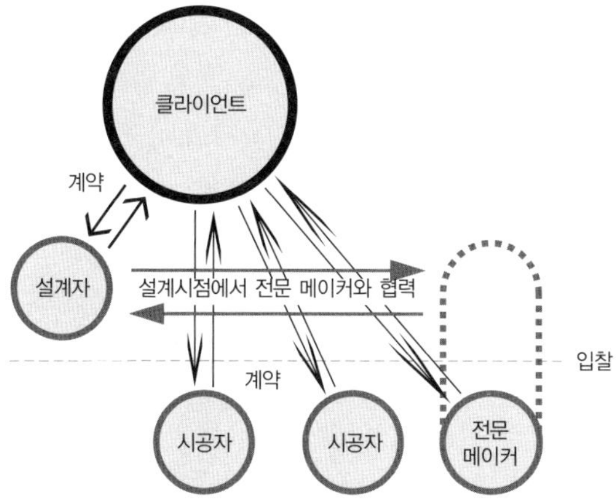

중소 전문 메이커라도 기술력이 있어 BIM에 대응할 수 있으면 설계시점에서 수주할 수 있게 된다.

계자의 문의에 의해 부재의 주문검토를 실시하고 그것을 IFC에서 즉시 설계자에게 되돌려보내는 것이 가능한 영업설계 팀이 필요하게 되고, BIM에 대응하는 것뿐만 아니라 BIM을 잘 다룰 수 없다면 부담이 증가할 수 있다.

메이커와 전문업자가 BIM에 따라 클라이언트와 설계자와의 원활한 공동작업을 도모하는 것이 조기에 가능하면 영업적 노력이 아닌 기술력의 차이로 수주를 획득할 수 있는 가능성이 높아진다. 타사에 지지 않는 기술이 있으면 클라이언트와 설계자에게 조기에 제시하여 설계에 편입시키게 된다.

역으로 BIM으로의 대응을 소홀히 하면 그 찬스를 잃게 될 수도 있다. 기계설비 등 이른바 서브콘 각 회사도 독자의 기술을 클라이언트와 설계자에게 조기에 제시할 수 있으면 지금처럼 입찰을 거치지 않고 획득할 가능성이 높아진다.

BIM에 대응하는 것으로 클라이언트와 설계자는 각 전문메이커, 전문업자, 서브콘이 가진 기술의 비용 대 효과를 비교 · 검토할 수 있게 된다. 그렇게 되면 제네콘을 결정하기 전에 서브콘과 전문메이커 각 회사의 참가를 앞당겨서 결정할 가능성이 생긴다. 이러한 가능성이 더욱 높아지면 일본의 민간공사에서는 지금까지 극히 적었던 분리발주의 기회가 높아지는 것으로도 이어질 것이다.

BIM은 건축 비즈니스에서 전문메이커, 전문업자, 서브콘의 자리매김을 지금보다 더 클라이언트 측에 가까이 할 가능성이 있다.

Facility Management 및 가구업계

오피스의 본질은 지적 생산성이 높은 작업장 구축에 있다고 함에도 불구하고 실제 작업장 내부를 구축하는 가구와 파티션 등의 레이아웃 계획이 빌딩 전체의 설계 시 검토되는 경우는 적다. 빨라도 빌딩 측의 설계 완료 후 통상 준공 직전의 단계에서 다루어지는 경우가 많다. 이것은 작업장 내부의 가구배치가 인테리어공사로 따

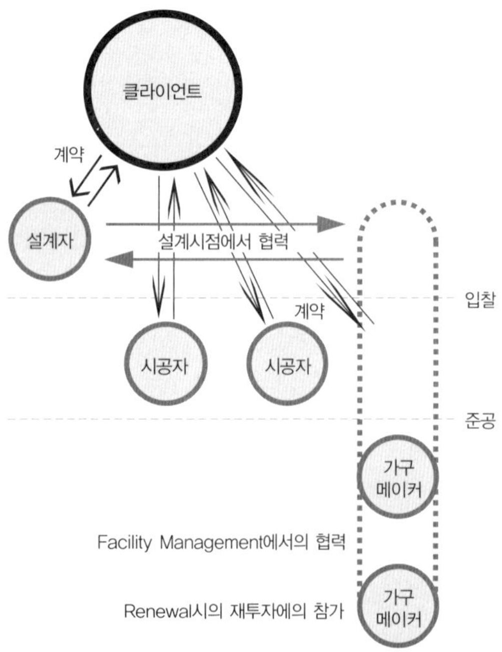

BIM으로의 대응에 의해 가구업계는 건축보다 앞선 위치에, 그래서 Facility Management영역의 양방향에서, 비즈니스 기회를 확대할 수 있는 가능성이 있다.

로 파악되어 건물 본체로의 충분한 피드백이 실행되고 있지 않은 현 상태를 가리키는 것도 있다.

또, 가구와 시설의 관리인 Facility Management[85]도 빌딩 준공 후 다루고 있는 경우가 많고, 설계 초기부터 Facility Management 본래의 의미를 살릴 수 있도록 의견교환이 가능한 기회는 대부분 없다. BIM에 의한 설계단계보다 Facility Management적인 시점부터의 검토를 더하는 것이 가능하면 작업장은 보다 효율적인 지적 생산의 장으로 승화할 가능성이 높다. 그렇게 되면 오피스용 가구 메이커 등장의 기회는 건축 프로젝트에서 보다 앞당겨지게 될 것임에 틀림 없다. BIM에 대응할 수 없는 가구 메이커는 도태될 것이고, BIM을 활용한 건축측에 적절히 피드백할 수 있는 능력을 가진 가구 메이커는 직능을 확대하여 전문 컨설턴트로서 보다 앞선 위치에서 프로젝트의 참가와 업무로의 참여가 가능하게 될 것이다.

전자상거래에서의 신규 참가

인터넷 등의 IT기술을 통한 상거래는 BIM의 일반화에 의해 호흡을 되돌려 급속히 추진할 가능성이 있다. 전자상거래는 개개의 전문메이커와 전문업자가 가진 기술과 원가를 IT기술을 사용해 지금까지의 틀에서 벗어나 넓은 시장에 호소하는 것으로 그 기술을 파는 측이나 사는 측에도 효과를 가져올 가능성이 있다.

BIM이 일반화되면 인터넷상에 공개된 건축부재 등의 정보는 어느 전문 메이커에서도 대부분 같은 가격으로 취급되어 최적의 것이 선택된다. 이렇게 되면 지금까지 기업규모와 판매망이 장벽이

85) ©Facility Management
53페이지 참조

되어 참가할 수 없었던 지방 전문메이커와 해외 전문메이커의 신규참가가 일어나고 또 건축과 연관이 적었던 다른 업종의 신규참가도 재촉하게 된다. 지금까지도 타 업종의 참가에 의한 건축의 설계와 생산이 변한 예는 일일이 셀 수 없다.

최근에도 조선업계에서 참가한 철골 제작자가 그때까지 건축업계에서는 볼 수 없었던 박판의 용접에 의한 구조체를 현실적인 가격으로 실현시켜 박판강판 구조의 붐이라고도 말할 수 있는 상황을 낳기 시작했다. BIM의 일반화에 의해 건물을 형성하는 부품 수준도 개혁이 시작될 가능성이 높은 것이다.

서비스 제공자의 등장

서비스 제공자라는 명칭에서 맨 처음 떠오르는 것이 인터넷 서비스 제공자는 아닐지, 그들은 인터넷 접속을 통해 서비스를 제공하고 그 담보로 요금을 징수하는 것으로 컴퓨터와 모뎀 등 하드웨어를 판매하는 것으로 요금을 징수하고 있지 않다. 서비스라는 무형의 것을 제공하는 비즈니스이기 때문에 서비스 제공자라고 불리고 있다. 휴대전화의 통신서비스를 제공하고 있는 통신사업자의 비즈니스 모델도 비슷하다.

또 ASP라는 인터넷상에서 작동하는 어플리케이션 소프트웨어를 제공하고 있는 사업자는 확실히 서비스 제공자 그 자체다.

건축에서 이러한 서비스 제공자 면에서 비즈니스는 가능한 것일까? 엘리베이터 등의 승강기는 실질적으로 서비스 제공자적 성격이 상당히 강하다. 엘리베이터 자체의 이니셜코스트는 극히 낮은 금액으로 억제할 수 있지만, 도입 후에는 관련회사가 유지 · 보수라는 형태로 수입을 얻어서 오히려 그쪽에서의 수익을 중시하고 있는 비즈니스로도 느껴진다. 승강기 이용이라는 서비스를 제공하고 요

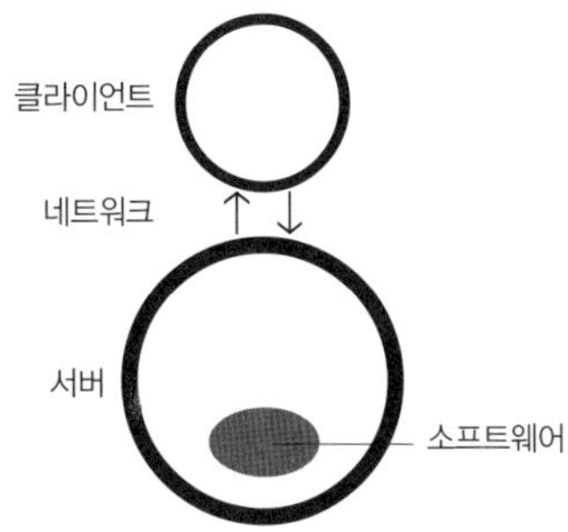

ASP
소프트웨어는 ASP사업자의 서버에 인스톨되어 있어, 이용자는 네트워크를 통해 이것을 사용한다. 이용자는 소프트웨어를 구입하지 않고, 소프트웨어를 이용한다고 하는 서비스에 대해서 이용료를 지불한다.

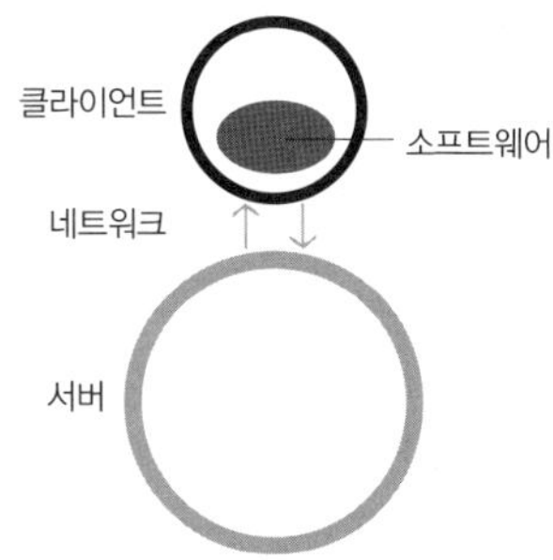

일반 소프트웨어
소프트웨어는 이용자가 구입해서 클라이언트측(이용자측)의 컴퓨터상에서 인스톨하여 이용한다.

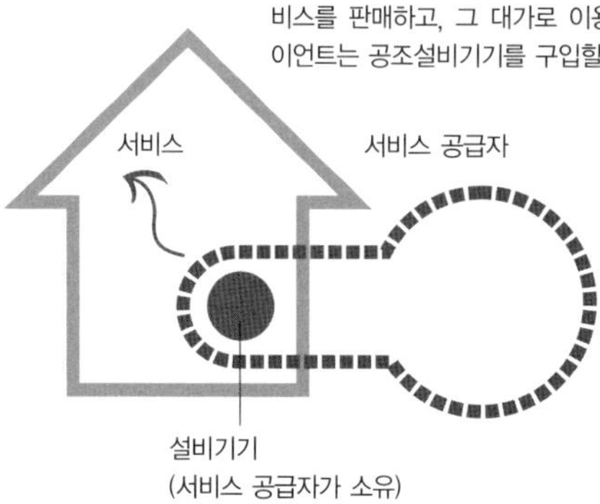

서비스 공급자의 개념도
공조 서비스 공급자면, 클라이언트에게 공조라는 서비스를 판매하고, 그 대가로 이용료를 받는다. 클라이언트는 공조설비기기를 구입할 필요가 없게 된다.

금을 징수하고 있는 엘리베이터 서비스 제공자이다. 같은 개념을 공조에 적용해 보자. 즉 집무공간 등을 일정한 온도로 유지하는 것을 일종의 서비스라고 간주하면 공조 서비스 제공자의 사고방식이 성립된다. 공조 서비스 제공자는 빌딩측으로부터 공조 기계실을 빌려서 거기에 공조기와 공조덕트를 제공측의 비용부담으로 설치하고 빌딩측은 공조서비스를 받는 대신 이용료를 공조 서비스 제공자에게 지급한다는 개념이다.

마찬가지로 조명에서도 비즈니스를 상정할 수 있다. 조도, 밝기라는 서비스를 제공하기 위해 조명 서비스 제공자가 천장면을 빌딩측으로부터 빌린다. 거기에 조명 서비스 제공측의 부담으로 조명설비를 설치하고 빌딩측에게 조명서비스를 제공하고 이용료를 징수한다. 예전의 건설방식에서는 서비스 제공자 등 사고방식의 사전검토도 불가능했고, 서비스를 시작해도 재산의 소유구분 등이 불명확하여 법적인 정비가 되어도 비즈니스로 성립시키는 것은 어려웠을 것이다. 그런데 BIM이 진행되어 서비스 제공자가 IPD에 의해 설계시점부터 합동으로 설계를 진행시키는 것이 가능하면 서비스 제공 비즈니스는 성립될 것으로 생각한다.

또 빌딩의 오너측도 현금 흐름 중시의 비즈니스를 진행시키는 과정에서 건설비의 25% 가까이를 차지하는 설비공사 부분을 이니셜코스트로부터 제외하는 것이 가능하면 효과는 나름 클 것이다. 또 공조와 조명설비가 서비스로 제공되게 하면 기존의 빌딩에서 발생하고 있는 공조와 조명에 관계되는 클레임도 그 질을 크게 바꿀 것이다. 이 개념은 엘리베이터와 공조, 조명만이 아니고 기계주차 설비와 급배수설비에도 확장이 가능할 것이다. 또 외장 자체를 외부환경과 내부환경의 조정을 담당하는 서비스라고 파악하면 외장조차 서비스 제공자의 비즈니스 영역이 될 수 있다.

BIM의 보급에 의해 건물을 구성하고 있는 설비와 승강기 등 하드웨어가 서비스 제공을 위한 툴로서 건물 본체로부터 떨어져 각기 따로 분리되어 서비스 제공자가 소유할 가능성이 있는 것이다.

전자신청에서의 비즈니스 기회

BIM이 침투하면 인·허가신청 등의 여러 신청 업무에서의 구체적인 심사방법도 크게 바뀔 것이다. 앞에서 기술한 싱가포르 등에서 볼 수 있는 것처럼 국책으로서 BIM을 받아들이면, 전자신청을 추진하는 것으로 BIM이 넓게 침투해갈 가능성도 있다.

BIM에 의한 전자 인 · 허가신청의 효과는 컴퓨터의 힘을 빌린 사전 체크에 의한 심사의 질적 향상과 신청기간의 대폭적인 단축이 가능하게 되는 것이다. 또 컴퓨터에 의한 체크를 위해 기준이 명확하게 되는 등의 부산물도 있다. 아네하 사건의 여파를 받아 건축신청의 엄격화에 의한 인 · 허가신청업무 전반이 지연되고 있는 일본으로서는 업무의 엄격화를 도모하면서 스피드 업이 가능한 BIM을 이용한 전자신청은 매우 매력적이다. 예전에는 일본에서도 인 · 허가신청업무는 관청이 전적으로 관리하는 업무였으나 1999년부터 민간신청기관에도 개방되어 2004년을 시점으로 이미 4할이 민간신청기관으로 위탁되어 있고 그 비율은 매년 높아지고 있다.

BIM에 의한 신청기관 상호의 심사 퀄러티 차이를 없게 하는 것은 민간신청기관의 충실함을 지지하고 신청업무의 엄격화와 스피드 업을 양립시키는 것에 있다.

또 현재 일본에서는 인 · 허가신청에 앞서 여러 종류의 신청이 필요하고, 이것이 설계자에게 큰 부담을 주고 있다. 예를 들면 대형 건축물에서는 건축기준법에 분명히 나타난 규정을 넘어 보다 안전

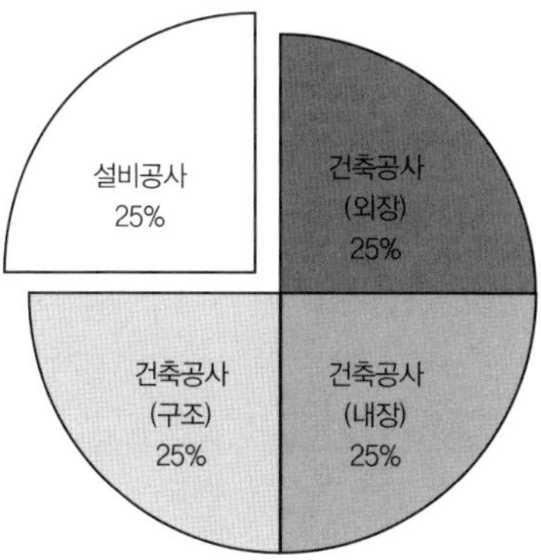

건축 원가의 표준적 구성비율

성 있는 합리적인 건축계획을 진행시키기 위해 인 · 허가신청에 앞서 각종의 성능평가 등을 실행하는 경우가 많다.

피난안전검증법[86]의 선명함 등은 대형 설계사무소와 제네콘의 설계부에서도 설계작업의 성력화를 위한, 외부 전문 컨설턴트에 재위탁하는 경우가 많지만 이들의 평정에 필요한 검토와 자료의 작성도, BIM을 사용함으로써 성력화를 도모할 수 있는 것이다. BIM에 의한 정확한 데이터 교환이 가능하기 때문에 전문 컨설턴트가 역으로 활약의 기회를 얻는 찬스도 크게 될 수 있다.

보험료 산출법의 변화 가능성

건축 비즈니스는 항상 클레임과 표리관계에 있는 비즈니스도 있다. 외국의 동향에서 배우고 설계와 시공을 진행할 때에는 보험계약을 하는 경우가 증가하는 것 같다. 건축기준법에서는 화재시 안전하게 피난할 수 있도록 여러 종류의 규칙을 정하고 있지만 일반적인 건물에 포괄적으로 적용할 수 있는 규칙이므로 개별 건물의 실정에 맞지 않는 경우도 있다. 물론, 건물 준공 후에 클라이언트가 화재보험과 지진보험 등에 가입하는 것은 극히 일반화되었다.

지금까지는 보험료 등도 건물 종별과 바닥면적을 기준으로 산출하는 것이 대부분으로 보기 드물게 설계자와 시공자의 실적이 가미되는 정도였다. 설계자의 입장에서는 설계와 시공의 내용에 따라

86) ◎피난안전검증법
건축기준법에서는 화재 시에 안전하게 피난할 수 있도록 여러 종류의 규칙을 정하고 있지만 일반적인 건물에 넓게 적용할 수 있는 규칙이기 때문에 개별 건물의 실정에 맞지 않는 경우도 있다. 이러한 경우에 규정 등얻은 기준에 따라 일정한 시간 내에 건물 내부의 사람들이 연기에 질식하지 않고 안전하게 피난할 수 있는 것을 증명할 수 있으면 기준법에서 정해진 여러 종류의 규칙에 적합하지 않아도 동등 이상의 안전성이 있다고 인정받을 수 있다. 또 안전성을 향상시킬 뿐만 아니라 건축계획의 자율성이 높아지기 때문에 대형 오피스와 복합시설 설계에서는 대부분의 경우 피난안전검증법에 의한 안전성 검토를 실행하는 것이 일반적으로 되고 있다. 단, 안전성 검토에는 경험, 노하우, 노력이 필요하게 되기 때문에 채용에는 신중을 요한다.

실제로는 화재와 사고, 그리고 하자 등의 발생률이 크게 좌우되는 것처럼 느껴지고 있지만 현 상태의 보험에서 그것들을 가미하고 있는 것은 대부분 없을 것이다.

BIM이 일반화되면 설계보다 화재와 지진에 대한 리스크 산출과 그에 대한 보험료를 산출하고 보험에 대한 시점을 설계시점으로 앞당겨 짜넣는 것이 가능할 것이다. 보험회사측도 규모와 종별 등 애매한 정보로부터 보험료를 산출하지 않고 BIM정보로부터 얻은 개별 건물의 상세정보와 BIM을 통계적으로 사용한 정보로부터 개개의 건물에 대해 개별 보험료를 산출하게 된다. BIM의 등장은 인·허가신청 등의 여러 가지 신청과 보험 등의 비즈니스에도 변화를 줄 가능성이 높다. BIM이라는 본격적인 건축의 IT화가 일본에서 시작되는 것으로 건축 비즈니스를 둘러싼 여러 가지 영역에서 지금까지 틀을 짜고 도식을 변혁시킬 것 같은 움직임이 발생할 것이다.

어떤 상황에서도 준비하고 있으면 걱정이 없다. BIM을 시작으로 본격적 IT로의 준비는 모든 건축 비즈니스 관계자가 지금 필연적으로 취해야 할 길이라고 할 수 있을 것이다.

일본의 IT화 추진모체와 기업의 도전

IT혁명을 받아서 아직 BIM이라는 개념을 확립하고 있지 않는 시기에 일본에서도 BIM으로 이어지는 건축 IT화에 관계된 선구적인 실험을 거듭해온 사람들이 있다. 일본에서 BIM을 진행할 때는 그 발자취를 이해한 후 시행하는 것이 유리하다.

JACIC

JACIC란 '재단법인 일본건설 정보 종합 센터 = Japan Construction Information Center'의 약어로, 1985년에 '국민생활의 고도화 및 경제 활성화에 이바지하는 것을 목적으로 국토교통성이 추진하는 공공조달의 원활화를 지원하기 위해'서 설립되어 일본에서 건설사업의 IT화를 주도해온 단체이다. BIM이 기반으로 하고 있는 3차원 CAD에 앞서 일본에서도 관이 주체가 되는 2차원 CAD에서의 데이터 교환을 위한 여러 종류의 움직임을 리드해온 경험이 있고, JACIC는 그 중심이 되어 오늘까지 그 움직임을 추진하고 있다.

1995년에는 건설성에서 '건설CALS/EC연구회'가 설립되어 공공사무에 CALS를 도입하여 공공사무의 원가감소와 동시에 품질향상을 도모한 연구가 시작되었고, JACIC는 그 사무국으로서 활동을 지원해왔다. 1997년에는 건설성에서 '건설CALS/EC 활동프로그램'이 발표되어 2004년까지 모든 건설성 직할사업에서 설계도서 전자납품 등을 포함한 CALS/EC의 실현을 목표로 하는 것이 나타났다.

전자납품의 목적은 도면을 전자데이터화하여 납품하는 것으로 데이터의 공유화, 재이용, 그리고 전자조달을 원활히 실시하기 위해서이다. 그러기 위해서는 특정 CAD에 의존하지 않고 국제표준의 CAD 데이터 교환표준사양 개발이 필요하게 되었다. 이 표준사양의 개발을 위해 JACIC가 중심이 되어 공공사업 관계자와 CAD 소프트웨어 메이커 150개사 남짓을 집결하여 조직한 것이 'CAD데이터 교환표준 개발 컨소시엄 = SCADEC'[87]이고, 여기서 개발이

87) ©SCADEC
일본의 건축과 토목 분야에 있어서 CAD데이터 교환을 위한 표준사양 개발을 목적으로 1999년에 설립된 관·민 양자로부터 되는 컨소시엄으로 Standard CAD data Exchange format in Japan Construction의 약어 이다. 현재는 JACIC의 'CAD데이터교환 표준 소위원회'가 그 활동을 이어받고 있다.

시작되어 CALS/EC에서 데이터 교환을 위한 표준적 포맷을 이룬 것이 'SXF(SCADEC data eXchange Format)' 이다.

SXF의 개발은 그 후 'CAD데이터 교환 표준 소위원회' 로 이어받아 오늘에 이르고 있다. 건설사업에서도 특히 토목 분야에서 CALS/EC는 넓게 실시되고 있는 상황이다. SXF는 현재에도 단계적인 개발이 진행되고 있다. 이미 실현하고 있는 레벨2에서는 2차원에서 데이터 교환을 가능하게 하고, ISO/STEP을 실용화한 국제표준에 의한 것이 되었다.

이후는 레벨3, 레벨4로의 단계상승을 바라고 있으나 이 레벨4의 단계는 3차원 형상정보에 건축정보를 부가하여 오브젝트화해서 '건조물 모델을 컴퓨터상에서 구축하여 라이프사이클에서의 정보교환을 바란다' 라는 확실히 BIM과 IFC가 목표로 하는 것과 완전히 겹치게 된다. JACIC측에서도 건축 분야에서 IAI(222페이지 참조)의 활동과 실적으로서의 IFC를 인정하고 이후에는 IAI와의 협조노선으로 나아갈 것으로 생각된다.

이러한 상황에서는 일본의 2차원 SXF에서 데이터 교환의 방향은, 3차원에서는 IAI가 추진하고 BIM에서도 표준으로 자리매김할 수 있는 IFC로 결합될 것으로 예상된다. 일본에서도 국가적 차원에서 BIM의 방향으로의 움직임이 일어나고 있는 상황이라고 말할 수 있다.

IAI[88] 일본

국제조직으로서 건설사업에 있어 데이터 교환과 상호이용을 추

88) ©IAI 일본
http://www.iai-japan.jp/

진해온 IAI에 관해서는 71페이지에서 소개했다. 그리고 그 IAI가 실제 데이터 교환과 상호이용 실천을 위해 추진하고 있는 구체적인 구조가 IFC였다. 그 일본 지부인 IAI일본은 1996년에 건설 관련 기업 71개사의 참가로 발족했다. 그 후 현재까지 1997년에 풀린 IFC의 일본에서의 전개와 IFC 실천 시에 나타난 문제의 피드백, 그리고 일본 건축문화에 특유한 개념의 IFC로의 편입을 실시하고 국제표준이 된 IFC가 일본에서도 원활히 사용될 수 있는 바탕을 정리하는 역할을 맡고 있다.

여기에서 일본의 독자적 건설사업에서 IT화를 추구해온 JACIC와 IAI의 움직임이 가까워지고, SXF가 레벨4에 대해 IFC와의 협조노선을 취하고 있는 것은 'JACIC' 후반에서 소개했다고 했다. 또 IFC가 국제표준에 편입된 ISO화되는 시기도 멀지 않다. JACIC와 함께 IAI일본이 BIM과 IFC의 보급에 대해 이후에도 완수하는 역할은 클 것이다.

일본에서 BIM의 멘토라고도 할 수 있는 사람들의 대부분이 어떠한 형태로든 이 IAI와 밀접한 관계를 가진 사람들이다. BIM과 IFC의 움직임에 적극적인 CAD사업자의 대부분도, IAI의 회원이다. 현 시점의 일본에서 BIM과 IFC의 정보에 액세스하는 가장 좋은 입구는 IAI일본이라고 할 수 있다.

제네콘과 설계사무소의 도전

지금까지 일본 건축 비즈니스의 특징으로서 설계부터 시공까지를 제네콘이 일괄적으로 도급맡은 경우가 돌출하여 많은 것이 열렸다. 거기서 흥미 있는 것은 미국에서 IPD가 진행되고 영국에서 Design Build가 진행되고 설계자와 시공자의 공동체제가 진행되고 있던 중 일본에서는 역으로 설계시공 일괄체제가 감소하고 있는 점이다. 그러나 다른 직능이 공평한 입장에서 공동체를 조직하는 것과 동일 기업 안에서 전부 실행하는 것은 비슷하여 책임의 체제나 일을 진행하는데 있어서 투명성은 크게 다르다.

구미에서는 설계자와 시공자가 BIM을 통하여 공동체제를 취하는 것으로 클라이언트가 요구하는 투명성을 담보로 일본의 클라이언트측이 건설에 관계된 원가와 품질 등에 투명성을 요구하는 설계시공 일괄체제로 부터 멀어지고 있다고 생각하면 상황은 선명하게 파악할 수 있다. 그렇다 하더라도 일본 제네콘 각사가 가진 종합적인 힘은 설계사무소에 비해 훨씬 크다. 지금까지도 제네콘은 IT의 힘을 이용하여 투명성을 높이면서도 설계시공 일괄에 의한 효과를 높이는 여러 가지 노력을 실행해 오고 있다. 이후에는 더욱 급속히 BIM으로 전환한 연구개발을 진행해 가게 될 것이다.

이러한 노력은 일본형 BIM의 형성에 공헌하게 될 것이고, 구미 여러 나라에는 적은 설계시공 일괄형의 강력한 BIM을 실현함으로써 일본의 건축 비즈니스계에서 큰 위치를 차지하고, 해외 여러 나라에도 그 독특한 BIM의 효과를 강조해야 할 것이다.

다음에는 일본의 제네콘과 설계사무소 등 각사의 움직임을 보도록 하자. 다만, 대상은 매우 광범위하고 많기 때문에 모두를 소개하는 것은 무리가 있으므로 실제로는 여기서 소개하는 이외에도 BIM을 향한 광범위한 움직임이 시작되고 있다고 생각한다.

카지마건설의 도전

카지마건설의 IT이용 대처는 매우 빨랐다. 'CB-CAD' 라는 자사 시스템을 개발하여 2000년부터 운용을 시작했고, 가장 빨리 3차원 CAD를 기반으로 한 건축, 구조, 설비설계부터 시공에 이르는 일괄 시스템을 완성한 선구자적인 존재이다.

CB-CAD의 이름대로 단순한 3차원 형상을 다루는 CAD시스템이 아니라 형상정보와 함께 구조와 마감, 수량 등의 건축정보를 통합한 데이터베이스를 갖춘 3차원 가상 건축모델을 컴퓨터상에서 작성하고 거기로부터 설계와 시공, 그리고 적산의 단계에서 각각 필요한 정보를 이용한다는 확실히 BIM이 원하는 시스템을 2000년에 완성시켜 운용을 개시하고 있었다는 것이다.

또한, 2002년에는 IFC2.0의 인증을 CAD사업자에 앞서 분명히 하는 등 IAI와 IFC, 그리고 오늘의 BIM에 이르는 움직임을 전개하고 있다.

IFC의 인증 취득에 임하여 그 중심적인 역할을 완수한 타마이 히로시 씨의 말에 의하면 DB-CAD는 '건축, 구조, 설비 각계에서 최적이라고 생각되는 시판되고 있는 3차원 CAD 소프트를 기반으로 독자적 데이터베이스로 구축한 공유정보를 통해 필요한 정보 제휴를 성립시키고 있다' 라는 것이고, 오늘날 미국에서 실천되고 있

DB-CAD의 예(화상제공/카지마건설)

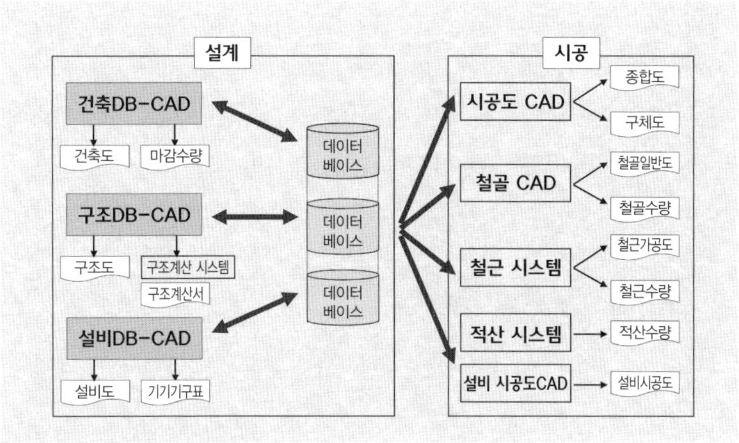

카지마건설의 도전(화상제공/카지마건설)

는 '가능한 곳부터, 가능한 도구로 시작하는 BIM' 에 가까운 형식이고, 이런 이유로 타사에 비해 실천적 툴로서 가동을 개시할 수 있었을 것이다.

마에다건설공업의 도전

마에다건설은 3차원 CAD에 관하여 일찍부터 높은 관심을 보이고 2001년부터 본격적인 도입을 완수하고 현시점에서도 적극적인 움직임이 엿보인다. 그 의도하는 장소는 제조 분야에서 확실히 진행하고 있었던 Total Process Management의 발상을 설계시점에서도 응용하고 건축, 구조, 설비의 설계를 3차원화하는 것으로서 시공까지 일련의 업무를 함께 효율화하고 원가를 감소한다는 확실히 BIM적인 발상에 기초하는 시도이다.

2003년부터는 건축설계용 CAD로서 ArchiCAD를 도입하고 자사개발〈Yapi〉를 사용하여 구조 전용 3차원 CAD 'TEKLA STRUCTURE' 로 작성한 데이터와의 제휴를 도모하고 있다. 설비에서는 BE-Bridge 데이터 호환을 Graphisoft에 의뢰하여 ArchiCAD에 받아들이는 등 기존의 CAD 소프트웨어와 자사개발의 소프트웨어를 능숙하게 사용함으로써 가능한 곳부터 3차원화하는 실천적인 방법을 통해 타사에 앞선 움직임을 실현하고 있다.

타이세이건설의 도전

타이세이건설에서는 '건설공사 착수에 앞서 BIM을 구축하여 시공성의 향상과 신속화를 도모하는' 움직임을 시행하고 있다고 한다. 이것이 실천되면 일본에서 BIM이 크게 추진되는 계기가 될 것이다. 이 움직임은 별도로 최근에는 테크니컬 그룹의 타카토리 쇼우지 씨가 매우 실천적인 활동을 하고 있고, BIM의 방향을 향한 것 같다.

타카토리 씨의 움직임은 사내에 멈추지 않고 2007년에는 Revit의 사용자 그룹인 'RUG'의 활동에 관계되어 RUG의 멤버 중 한 명으로서 BIM의 보급에 심혈을 기울이고 있다.

주택 메이커의 도전

주택 메이커는 건축, 시공, 판매, 그리고 유지 · 보수 등 BIM이 목표로 하는 건물의 라이프사이클 전반에 깊이 관계되고 있다. 1959년부터 다이와 하우스가 철골계 프리패브 주택을 미젯하우스라는 이름으로 판매를 개시하고 계속해서 1960년에는 같은 철골계 프리패브가 세키스이 하우스로부터 목조계의 프리패브 주택이 미사와 홈으로부터 판매되는 등, 일본의 주택산업은 세계 제일의 프리패브 대국이다.

부재가 프리패브화되고 있다는 것은 그 생산형태 자체가 극히

BIM과 성격이 잘 맞는다고 할 수 있다. 그럼 주택 메이커에서 3차원 CAD와 BIM은 어떠한 상황에 있는 것일까? 업계의 톱기업인 세키스이 하우스는 일본 유니시스가 개발한 주택설계 CAD시스템인 SIDECS(Sekisuihouse Integrated Design System for Customers Satisfaction)를 채용하고 있으나 2005년부터 SIDECS상의 설계 데이터를 직접 거두어 들여 CG와 실시간 3차원 검토를 작성하는 'NEW CG시스템'을 일본 유니시스와 함께 각 사업소와 지점에서 운용을 개시한다고 발표했다.

SIDECS의 상세는 공표돼 있지 않지만 SIDECS가 일본 유니시스의 3차원 주택용 설계시스템인 DigiD의 내용을 보는 것으로 주택산업에서 3차원 CAD의 상황을 어느 정도 상상할 수 있을까. DigiD는 설계 개시 이전의 영업 지원 툴로서, 설계 작업에 중심을 두고 있는 점이 특징적이고 표면적으로는 시공으로의 부담이 없어 보인다. 이것은 부재의 프리패브화가 진행되는 것에 의해 설계시 검토가 충분하면 시공시의 검토는 최소한으로 끝난다는 BIM의 흐름과도 일치한다.

BIM의 실천을 위해서는 주택 메이커에서 3차원 CAD의 이용 상황도 연구대상의 하나로 삼아야 한다고 본다.

설계사무소의 도전

소규모 조직에서는 의사통일이 쉽고 실험적 시도로 도전하기에는 최적의 환경이다. 건축계에서는 이른바 아틀리에 사무소라고 불리는 조직이 디자인 면만이 아니라 신규 기술의 전개에서도 강도를 발휘해 왔다.

BIM에서도 마찬가지이다. 예측한 것처럼 2009년이 일본의 BIM 원년이 된다면 이후 여러 종류의 미디어로 일본의 아틀리에 사무소에 의한 시험적임과 동시에 실천적 BIM이 소개될 것이다. 물론 설계사무소에서도 아틀리에 사무소와 마찬가지로 신속하게 선진적인 활동을 실천하고 있는 예를 볼 수 있다. 일례로 야스이설계사무소와 야마시타설계사무소 등이 있다.

야마시타설계의 후지누마 마사루 씨의 움직임이 그 대표적인 사례라고 할 수 있다. 후지누마 씨 자신은 2007년 AIA 회의 참가 이전에는 BIM에 전혀 흥미가 없었지만 회의 참가를 계기로 BIM의 가능성을 재빨리 파악하고 최근 1년간 성과를 쌓아 지금은 일본의 설계사무소 중에서는 굴지의 BIM 전도사로 변모를 이루었다. 설계사무소로부터도 후지누마 씨의 행동력에 용기를 북돋울 수 있고, BIM을 추진하는 원동력이 될 것을 기대한다.

BIM 추진상 일본에서의 문제점

이처럼 다방면에서 BIM을 향한 도전이 되고 있는 상황에서 BIM의 추진을 저지하는 문제점이란 무엇일까? 첫 번째는 완벽한 BIM에 너무 얽매여 있다는 것이다. 본격적인 BIM의 효과를 강조한 나머지 일본에서는 건축설계에서 눈에 보이는 것을 목적으로 3차원 CAD의 이용과 CG 소프트웨어의 이용, 일조와 천공률 검토 전용 3차원 소프트웨어 이용 등에 '이것들은 BIM이 아니다' 라고 구별하였지만 지금부터는 3차원화를 우선 환영하고 그것을 'BIM의 시작' 으로 자리매김시키고 이에 한층 더 데이터를 부가해가는 방향을 인정하는 것이야말로 보다 생산적으로 실천적 BIM을 진행하는 것이라 생각한다.

두 번째 문제는 일본의 BIM이 진정한 사용자인 설계자와 시공자의 부재에서 논의되고 있는 것은 아닌가. IFC 규칙의 상세화, 데이터 입력 등의 가이드 라인화 등은 완벽한 BIM의 실천과 BIM에 대응한 소프트웨어 개발이 필연인 것은 이해하고 있다. 다만, BIM의 툴을 개발하는 측의 논리만 선행하여 BIM을 실제로 이용하는 설계자와 시공자에게 부담을 강요할 뿐으로 BIM은 아무리 시간이 흘러도 탁상공론이 된다.

세 번째 문제는 학교교육에서 3차원 CAD 관련 소프트웨어를 다루는 능력 향상의 기회가 부족한 것이 있다. 필자 역시 몇 개의 대학에서 강사의 소임을 맡고 있다. 거기서 느끼는 것은 외관을 CG 소프트에 의해 꾸며 구성하는 학생은 눈에 띄지만 내부공간까지 3차원 CAD를 사용해 구축한 디자인을 보기는 어렵다. 또 2차원 CAD 교육 프로그램을 마련하고 있는 학교는 눈에 띄지만, 건축에서 3차원 CAD 교육 프로그램을 설치하고 있는 학교는 거의 눈에 띄지 않는다. 거기에서 BIM의 기초인 3차원 CAD를 다루는 능력 자체가 낮은 것이 큰 문제가 된다.

BIM 선진국인 미국의 이러한 상황을 한 번 더 살펴보면 상황의 차이는 2008년 미국의 AIA 사전회의인 'Change The World' 와 거의 같은 시기에 실시된 IAI 일본 세미나 'Japan BIM 시동! 지금부터 3차원 모델 데이터의 활용' 의 내용과 분위기를 비교하면 쉽게 알 수 있다.

미국의 'Change The World' 는 주된 참가자 및 발표자가 설계자 자신이고 시판되고 있는 소프트웨어를 다시 이용하여 '지금 가능한 것을, 가능한 곳으로부터, 실천적으로 실행한 실례를 대량으로' 소개함으로써 열띤 논의가 전개되고 있다. 도구를 속박하거나 정확도를 속박하는 것 없이 '사용하는 CAD는 무엇이든지 좋다. 가능한 장소로부터 디지털화, 3차원화하여 가능한 장소부터 데이터를 다시 사용하자' 라는 열린 시스템이 BIM을 시작하는 시점에서 부담감을 덜 수 있다.

이에 반해 IAI 일본 세미나에서는 주된 참가자와 발표자가

CAD사업자와 판매자, 그리고 설계사무소와 제네콘의 CAD관리자적 입장이다.

이상적인 IFC를 통한 이상적인 BIM을 목표로 '장래 가능할지도 모르는 것을 지금 가능한 범위에서 실험적으로 실행한 테스트 샘플을 극히 일부' 소개하는 발표자로부터의 일방통행적인 내용이 되고 있다. 설계자와 시공자의 참가가 대부분 보이지 않고 '실천적' 인 색채를 훼손하는 것처럼 느껴졌다. 굳이 이렇게 표현한 것은 IAI관계자를 비판하기 위한 것이 아니라 오히려 이러한 상황에 머물러 있는 것은 실제로 설계와 시공을 매일 실시하고 있는 설계자와 시공자의 적극적인 관여가 결여되어 있는 증거일지도 모른다는 것이다.

지금이야말로 정말로 실무를 실천하고 있는 설계자, 시공자측이 일본판 BIM의 개시를 향해 적극적으로 움직이기 시작해야 하는 시기가 도래한 것이 아닐까.

맺음말

개혁하는 건축 비즈니스계의 세계

BIM이 추구하는 건축 비즈니스 개혁의 시나리오

BIM이 가져올 변화와 성과는 건축 비즈니스 전체에 어느 정도 변혁을 가져올 것인가?

◎ 내진강도 위장문제로 발단한 건축 비즈니스계 전체로의 불신감 해소

◎ 설계와 시공의 부정합과 오차의 근절

◎ 설계와 시공의 부정합과 오차의 근절

◎ 설계로부터 시공프로세스의 개선에 의한 스케줄 단축

◎ 실시간 적산으로 원가의 투명화를 도모한다.

◎ 구조적 저수익성 개선

◎ 국제화하는 시장 대응

◎ 건축 비즈니스로의 서드파티 참가

BIM이 구상하는 건축 비즈니스 개혁의 시나리오

BIM이 건축 비즈니스에 있어서 본격적인 IT 도입이고 건축 비즈니스 각각의 변화와 성과를 가져올 가능성이 있다는 것에 관해서는 이해했으리라고 생각한다. 그러나 BIM이 가져오는 그들의 변화와 성과는 정말로 건축 비즈니스 자체의 본질적인 변혁으로 이어지는 것일까? 여기서는 지금까지 얻은 BIM에 관계된 정보를 기초로 BIM이 추구하는 다음 세대의 건축 비즈니스 구도에 관해 개인적 견해를 기술한다.

건축 비즈니스 전체로의 불신감 해소

이 책의 첫 부분에서 기술한 것처럼 내진강도 위장문제에서 비롯된 일련의 불상사와 설계시공에서 부정합의 발각이 건축 비즈니스계 전체에 대한 불신감을 낳기 시작했다. BIM의 처음 발상이 3차원 건축 데이터베이스를 확실한 정합성을 취하게 된 상태로 처음 구축하고 거기로부터 역으로 도면을 잘라내 모순이 없는 도면을, 즉 BIM의 가장 심플한 사용방법을 실천하는 것만으로도 불신감으로 이어지고 있는 도면의 모순을 대폭 감소시킬 수 있는 가능성이 있다.

BIM화가 진행되면 싱가포르에서 이미 실천되고 있는 것처럼 IT기술을 사용한 고도의 체크로 건축 인 · 허가 신청기간이 단축될 가능성이 있다. 심사기간의 신용을 회복하면서 동시에 심사기간의 단축도 도모하는 것이 가능한 것이다. 이러한 기술적 효과에 더해 BIM이 유도하는 클라이언트, 설계자, 시공자의 우호적인 관계의 구축도 중요할 것이다. BIM의 도입을 계기로 클라이언트, 설계자,

시공자가 프로젝트를 공통의 이해관계를 기초로 추진해가는 체제가 쌓아질 수 있는 가능성은 매우 크다.

설계와 시공의 부정합과 오차 근절

건축 비즈니스계 불신감의 원인 중 하나는 위에서 기술한 것처럼 설계도와 시공도의 모순과 오차에 기인하고 있다. BIM의 특성을 활용하면 이들의 모순과 오차도 인력에 의지한, 즉 지금까지와 같은 힘과 기술에 의한 방법이 아니고 IT기술을 사용하여 성력화를 도모하면서 높은 정확도의 체크가 가능하다. BIM의 특징인 IT기술을 사용한 간섭발견 등의 기술은 설계도와 시공도의 오차를 높은 정확도로 발견해내고 정합성이 취해진 설계와 시공을 추진함에 틀림이 없다.

완성된 건물을 검사하는 성능검증의 과정에서도 BIM에 의해 시각화된 것이 체크의 기준이 되고 있으면 정확도는 자연히 높아지고 시공상의 미비점도 발견하기 쉬워진다.

설계에서 시공프로세스 개선에 의한 스케줄 단축

BIM 특징의 하나는 설계의 가장 초기 단계에서 인력에 의해 정합성 높은 설계를 3차원에서 실행하는 것으로 설계부터 시공까지의 프로세스 전체에서의 성력화와 스케줄 단축을 도모하는 것이었다. 이러한 의미에서 BIM 도입은 스케줄 단축의 실현으로 이어진다. 실제 설계와 시공의 프로세스에서는 관계자간의 합의가 늦어지는 것으로 프로젝트 추진이 지연되는 경우가 자주 있다.

BIM이라면 3차원 데이터와 건축정보를 사용하여 실시간으로 설계내용을 가시화할 수 있다. 가시화된 설계도는 건축에 관해서는 비전문가인 클라이언트만이 아니고 전문가에게도 이해하기 쉬운 것이다. BIM에 의해 가시화된 자료에 의해 공동설계자와 클라이언트, 그리고 시공자가 설계내용을 이해함으로써 조기 합의 형성이 얻어질 수 있다면 스케줄은 확실히 단축될 수 있다. 또 3D에 시간축을 더한 4D 등 가상공간에서의 시험시공도 공사기간 단축으로 이어질 것이다. 공사관계자가 실제 시공에 앞서 4D상에서 가시화된 시공순서를 공유하는 것의 의미는 크다. 또 IPD에 의한 설계의 당초부터 제작상과 시공상 무리 없는 설계가 되고 있으면 시공단계에서의 재시공은 격감하고 시공기간도 단축될 것이다.

실시간 적산으로 원가의 투명화를 추구한다.

현재의 건설 프로젝트의 프로세스에서는 원가정보가 귀중한 판단자료가 되는 경우가 매우 많다. 그럼에도 불구하고 원가정보가 우선순위를 놓쳐 적절한 판단을 내릴 수 없거나 판단을 늦출 수밖에 없는 상황이 매우 많이 있다. 실은 건축 비즈니스에서는 적산에 앞서 건축 속에 있는 부재가 어느 정도의 양이 사용되고 있는가를 산출하는 작업이 방대한 인력과 시간을 요하는 작업이 되고 있다.

BIM에서 설계도와 시공도가 완성된 상황이라면 적어도 사용하고 있는 부재의 수량을 실시간으로 산출하는 것이 가능하다. 또 금액정보가 입력되고 있으면 실시간으로 적산을 하는 것도 가능하다. 설계 및 시공 시에 변경내용이 어느 정도의 금액 변동을 수반할까를 거의 실시간으로 파악할 수 있다는 것 또 그에 소비하는 적산 작업에 인력을 크게 필요로 하지 않는다는 것은 매우 획기적인 것이다.

지금까지는 실시간으로 산출이 가능하지 않았기 때문에 직감에 의지한 개산으로 판단할 수밖에 없었다. 이러한 불확정 요소가 많은 개산에서는 아무래도 원가에 리스크를 가미한 '가격' 에 의한 사물을 판단하게 된다.

이것은 클라이언트와의 계약 시에도 마찬가지이다. 인력을 투입하지 않고 정확성 있는 적산을 실행할 수 있으면 자연히 리스크 예상의 방식은 작게 되고 원가와 가격의 괴리는 좁아진다. 또 데이터만 공유하고 있다면 클라이언트도 적산할 수 있기 때문에 원가의 투명성은 당연히 높게 된다. BIM에 의한 실시간 원가산출을 가능하게 하는 것만으로도 건축 비즈니스 본연의 자세는 크게 변할 것이다.

구조적 수익성의 개선

예전에는 일본을 이끌고 있었던 건축 비즈니스가 지금은 구조적 저수익으로 전락한 것은 머리말에 기술한 대로이다. 앞서 기술해온 BIM의 직접적인 효과는 이 구조적 저수익성을 개선하는 방향으로 작용될 것이다. 더욱이 BIM이 건축 비즈니스계에 있어서 최초의 본격적인 IT 이용인 것을 생각하면 건축 비즈니스만이 아니고 관련 분야를 휩쓸리게 한 큰 개혁을 가져오게 될 것이다.

BIM은 지금까지 건축 비즈니스계 현장으로 온 설계부터 시공 완료까지의 기간을 넘어서 라이프사이클에서 비즈니스를 파악하는 것이 가능한 구조이다. 전술한 것처럼 표준적인 프로젝트라면 건설 시의 투자액은 라이프사이클코스트에서 겨우 25% 밖에 되지 않는다. BIM을 적절히 사용하는 것이 가능하면 클라이언트는 라이프사이클코스트에서 가장 적절한 해결책을 당연히 요구할 것이다. 설계자와 시공자도 지금까지 4배의 원가에 대처한 설계와 시공을 제안하는 기회로도 충분할 것이다.

국제화되어 가는 시장

일본의 건축 비즈니스계는 지금까지는 너무 일본 내의 상황에만 눈을 향하고 있었다. BIM은 디지털 정보인 네트워크가 있는 한 어디에서나 데이터를 주고받을 수 있다. 따라서 인력을 요하는 BIM 작성을 보다 임금이 낮은 지역에서 실행할 수 있다면, BIM 작성에 소요되는 비용 문제를 단숨에 해결할 수도 있다.

또 BIM은 이후에도 IFC라는 국제적 기준에 따라 발전을 계속할 것이다. 지금까지는 일본의 지역 규칙에 묶여 있던 일본의 기업도 BIM 도입시 좋든 싫든 국제적 기준으로의 부합이 요구된다. 그러면 이 기회에 시장을 해외로 넓히는 것이 오히려 당연할 것이다. 역으로 말하면, BIM을 계기로 일본 시장으로 해외에서 참가하는 팀이 늘어날 가능성도 있기 때문에 일본 내에만 계속 안주한다는 선택은 의미 없다. 일본의 건축 비즈니스는 시장을 국제적으로 넓혀야 하는 상황인 것이다.

비즈니스의 영역을 간단히 지리적 확대뿐만 아니라 BIM의 도입에 의해 지금까지는 잡는 것이 어려웠고 에너지 소비의 정보 등이 잡히면 하드웨어를 주체로 하고 있었던 건축 비즈니스가 운용과 서비스를 주시한 소프트웨어 비즈니스로 변모해 갈 가능성도 있다. 가설로 기술한 공조와 조명 등의 서비스 제공자의 개념이 확실히 이 사고방식에 호응하는 것이다. 이러한 건축 비즈니스의 소프트웨어화도 BIM의 도입을 강력히 지지해야 한다.

건축 비즈니스로의 서드파티 참가

BIM 제작으로 신규참가의 후보자는 기존의 건축 비즈니스계에도 많이 있다. CG와 영상의 작성을 도급맡고 있던 사무소가 컴퓨터의 노하우를 내세워 BIM 제작으로 영역을 넓혀갈 가능성도 있다. 사실, 171페이지에서 소개한 Gehry Technology사 등은 BIM 제작도 도급맡고 있기 때문에 같은 상황이 일본에서 일어나도 이상하지 않다. 지금까지도 건축 비즈니스의 변환점에서는 새로운 직능이 나타났다.

예를 들면, Project Management와 Construction Management 등의 직종이 그것이다. Construction Management가 프로젝트 기간 축소를 목표로 함과 동시에 서브콘과 전문메이커와 설계자를 중개하여 IPD를 실현하는 등 비즈니스 모델을 손에 들고, BIM에 참가해올 가능성이 높다. 완전한 BIM의 구축이 한 회사에서는 어려운 설계사무소와 설비사무소, 구조사무소에서 데이터를 받아 BIM을 구축하면서 CM업무를 진행하는 비즈니스 모델도 있을 수 있다. 원가와 직결한다는 의미에서는 적산사무소가 BIM구축에 참가해올 가능성도 있다.

BIM이 도입되면 지금까지 필수불가결했던 직능이 구축되는 것도 있다. 예를 들면, 공공공사에서 필수불가결한 예산서의 작성에는 공공건축설비 수량적산 기준에 의한 방대한 작업이 필요하다. 극히 전문성 있는 작업이기 때문에 거대 사무소와 제네콘에서도 외부의 적산전문 사무소에 작업을 위탁하는 것이 보통이다. 그런데 BIM이 본격적으로 개시되어 공공공사에서도 BIM이 작성하는 정보에서 자동적으로 산출된 수량이 유효하게 되면, 적산사무소가 건축 비즈니스의 구도 속에서 차지하는 위치는 없어진다.

현 상태에서 정확도의 차이는 있으나 민간공사라도 적산작업은 필요하므로 제네콘은 관련 직원을 많이 고용하고 있다. 이쪽에서도 BIM이 본격적으로 채용되게 되면 명백히 필요한 직원수가 감소한다. 이들 적산사무소와 적산 직원이 지금까지 적산업무에서 쌓아온 노하우와 원래 설계자로서의 지식을 활용하여 BIM구축을 전문적으로 다루는 사무소를 개설했다고 해도 이상하지 않다.

그 밖에도, 보험회사와 시큐어리티회사 등 지금까지는 건축설계와 시공과 직접 관계를 가지지 않았던 영역부터 BIM을 통하여 설계와 시공, 그리고 BIM 구축 업무에 참가할 가능성도 있다. 예를 들어 보험회사를 말하면 준공 후에 건물이 지진보험과 화재보험에 가입하는 때에 지금까지는 면적과 용도가 주된 보험료 산출의 기반이 되고 있었다. 그런데 BIM이 널리 유통되면 BIM을 사용해서 리스크를 상세히 예상하여 보험료를 산출하게 될 것이다.

시큐어리티회사도 마찬가지이다. 요즘에는 건축물의 시큐어리티는 설계시점에서 빼놓을 수 없는 중요한 검토사항이다. 예전에는 건물의 설계가 완료되는 시점에서 시큐어리티 전문업자와 협의하여 열쇠와 센서류의 배치를 검토하는 정도였던 것이 지금은 설계 초기 단계에서 시큐어리티 구획의 형성을 계획에 편입시키는 경우가 증가하고 있다. 이러한 상황을 주시하면 시큐어리티 업자가 설계의 초기 단계부터 시큐어리티 노하우의 제공과 함께 BIM의 제작을 도급맡는 등 비즈니스 모델도 생각할 수 있다.

BIM이 건물의 라이프사이클에 관계된 것이기 때문에 BIM제작에 빌딩 관리회사가 접근해 올 가능성도 있다. 설계의 초기부터 빌딩관리의 노하우를 제공하면서 BIM제작을 도급맡는 비즈니스 기회를 확대하는 경우도 생각할 수 있다.

새로운 건축 비즈니스로의 참가자

상기의 서드파티의 참가라면 변혁에는 틀림 없으나 대변혁이라고 하기에는 애매모호하다. BIM이 건축에 있어서 본격적인 IT이기 때문일 수 있고, 지금까지와는 완전히 다른 업계에서 건축 비즈니스로 참가하는 것이 이 업계에 진정한 대변혁을 가져오는 것은 아닐까라고 예상하고 있다. 역으로 말하면, 지금까지는 건축 비즈니스에 본격적인 IT화가 도입되고 있지 않았기 때문에 건축 비즈니스계는 IT가 가져오는 대변혁의 영향을 받지 않았을 수도 있다.

즉 필자의 의도를 '지도'를 예로 들어 전하면, 20여년 전에 GIS 등 디지털기술을 사용한 지리정보시스템의 이야기가 아직 일반적이지 않았을 때 지도업계는 외부에서의 참가가 거의 없는 닫힌 비즈니스계였다. 서드파티가 참가하고 싶어할 흥미 있는 비즈니스로는 보이지 않았고, 하물며 IT업계까지 편승하리라고는 전혀 생각할 수 없었다. 그런데 어떤가? 최근 20여년 사이에 지도는 디지털 정보화되어 자동차 네비게이션 시스템에 편입되고 지도업계는 일약 본격적 IT를 먼저 취한 업계로서 각광을 받았다.

CD와 DVD화된 지도가 IT화를 이룬 지도회사로부터 속속 발매되었다. 그것이 지금에 와서는 지도업계에서 또 다시 큰 변혁을 일으키고 있는 것처럼 보인다. 이제는 지도라고 말하면 Google Map과 Google Earth의 시대가 되고 말았다. 가장 빨리 IT화를 이룬 지도업계는 IT화가 진행된 부분만 빨리 IT업계라는 서드파티로부터 참가에 휩쓸렸다고는 생각할 수 없을까.

Google이 지도업계에 편승하고부터는 엄청난 속도로 업계의 구도가 다시 세워지고 있다. 우선 DVD의 Digital Map을 구입하는 사람의 대부분이 없어지고, 건설업계에 있어서도 예전에는 프로젝트가 시작되면 부지가 촬영된 항공사진을 구입했지만 지금은 Google Earth에서 간단히 입수할 수 있기 때문에 구입하는 경우는 대부분 없어졌다.

한때, 도시의 건축볼륨을 정교하게 입력한 디지털정보가 판매되고 있었지만 이제는 Google Earth로도 충분하여 사라졌다. 지금은 디지털 지도 정보를 개인이 구입하고 있는 것은 자동차 네비게이션 정도가 되었다고 생각한다. 그러나 가까운 장래에는 자동차 네비게이션에도 Google Earth가 포함될 것으로 본다. 지도업계의 디지털 정보는 자동차 네비게이션에서 배척되어 드라이브에 앞서서 Street View가 투영될 것 같다.

한 번 본격적인 IT화가 특정 비즈니스계에서 보급하면 생각지도 못했던 서드파티의 참가가 일어날 수 있다. BIM에 의해 건축 비즈니스에 본격적인 IT화의 물결이 밀려들었을 때 지도업계와 같은 상황이 일어나지 않는다는 보장은 없다. BIM 작업으로 말하면 건축과 학생 이상으로 CG를 배운 학생의 능력이 높을 것으로 예상된다. 건축과 학생을 밀어내고 건축 비즈니스계에서 CG를 배운 학생이 군림하는 시대가 올 수도 있다. 마찬가지로 설계사무소보다도 3차원 CAD 소프트웨어를 작성하고 있는 회사쪽이 BIM 제작에 임했을 때는 원가성능이 뛰어날 것이다. 사실 유럽에서도 소프트웨어 회사가 BIM 작업업무에 모여들고 있다.

또 건축 소프트웨어계의 거인인 Autodesk사의 일본법인은 BIM에 관한 컨설턴트업무를 이미 개시한 것 같다. 서드파티에서 건설업계의 참가는 생각보다 가속도를 증가시키겠지만 서드파티에서의 참가가 있다는 것은 건축 비즈니스계가 BIM의 도입에 의해 괴로운 비즈니스로부터 벗어날 수 있는 가능성이 있기 때문이고 오히려 환영해야 하는 상황일지도 모른다.

건설업계가 지도업계처럼 서드파티의 참가에 의해 비즈니스의 구도 자체를 크게 바꿔 시대의 첨단에 다가오는 업계로 변혁할 가능성도 있다.

BIM이 건축 비즈니스계의 구도를 바꾼다.

BIM은 구조적으로 저수익 체제에 빠져 있는 이 업계에 진정한 IT혁명을 가져오는 것으로 모든 이해관계자에게 보다 성과가 많은 업계로 바꿀 가능성이 있다. 물론, BIM은 아직 성장 과정에 있는 툴이다. 명칭과 모습도 이후 크게 변할 가능성도 있고, 또 툴이기 때문에 그것을 잘 다룰지 아닐지로 건축 비즈니스가 좋은 방향이거나 나쁜 방향으로 바뀔 수 있는 가능성이 있다. BIM은 아직 초기 단계이지만, IT의 발전과 함께 BIM이 이끌어 갈 건축 비즈니스의 혁명은 시작에 불과하다. 이 BIM 건축혁명을, 산업혁명에 필적하는 아니 그 이상의 대변혁이라 생각하고 있다.

이 IT혁명의 시대를 산업혁명에 필적하는, 아니 그 이상의 대변혁의 시대라고 생각하고 있다. 이 거대한 변혁의 시대에 건축 비즈니스가 어느 정도 변모를 이루어갈 것인가를 그 한가운데에서부터 지켜보는 것이다.

에필로그

BIM으로의 기대와 5개의 전망

BIM의 본격적 도래

BIM은 건축 비즈니스계에서 최초로 IT혁명의 본격적 도래이다. 그러나 도래한 직후이기 때문에 BIM이 정말로 성공할지와 건축 비즈니스를 변혁할 수 있는 힘을 가지고 있는지는 현 시점에서 누구도 알 수 없다. 기술을 보다 본격적인 형태로 건축에 접목시킬 획기적인 툴이나 개념이 등장할 가능성이 높을 수도 있다. 다만, BIM이 추구하고 있는 방향이 IT혁명이 건축에 가져오는 본질적인 혁명과 같은 방향을 향하고 있다는 것만은 확신을 가지고 말할 수 있다. 설령 BIM이 완수시키지 못해도 BIM에 영향을 받은 무언가의 것이 건축 비즈니스에 혁명을 일으키는 것은 틀림이 없다.

필자 역시도 2008년 5월에 AIA의 총회에서 BIM의 움직임을 보기 전에는 BIM이 변화의 유력한 후보라고는 느끼지 못하고 있었다. 일본에서 듣고 있었던 BIM이 너무 이론적이고 화제가 언제나 BIM을 받치기 위한 기초적인 기술이고 IFC의 실증실험 등에 시종일관하고 있었기 때문에 실천적인 툴이라고는 전혀 생각 못했었다.

미국에서 받은 충격은 '프롤로그'에서 언급한대로다. 그 이후로 보고 듣고 있었던 정보를 다시 되돌아보면 충격이 확신으로 변했다. 그래서 혼자라도 많은 건축 비즈니스 관계자에게 BIM의 가능성을 알릴 수 있다면이라는 생각에서 이 책을 쓰기로 결심했다. 필자는 건축설계를 본직으로 하기 때문에 2차원 CAD와 3차원 CAD를 이용하는 사용자이지만 컴퓨터 전문가는 아니므로 BIM의 기술적 측면과 그를 지탱하는 IFC의 상세한 구조 등에 관해서는 지식이 부족하다. 따라서 본서의 내용은 BIM의 기술적 측면을 잘 아는 독자에 있어서 표층적이거나 기술에 관해서의 오해가 있을 수도 있다.

또 건설업계 비즈니스적 측면에 관해서도 건축설계자의 입장으로부터 접근해 알려진 한정적인 지식을 따른 것이고, 구조와 설비설계, 그리고 시공에 관계된 부분에서도 마찬가지의 문제가 있을 수 있다. 다만, 이 책을 집필하고 있는 동안에도 BIM에 관한 분주한 움직임이 여기저기에 보이고 2009년은 일본에 있어서 BIM원년이 될 것이라는 것을 재차 실감하고 있으며, 이러한 정보를 독자에게 가장 빨리 전달하려는 의미로 가능한 한 앞당겨서 본 서를 정리하는 것을 우선시했다.

BIM에 관한 정보원

BIM에 관한 이벤트와 강의는 이후 당분간 계속 될 것이다. 이 책에서도 소개하고 있는 BIM의 멘토라고도 할 수 있는 여러 사람을 중심으로 BIM에 관계된 수많은 논의와 강연이 있을 것이다. BIM과 관련하여 보다 깊은 식견을 요구하는 독자는 우선 그런 강연들에 참석할 것을 추천한다. 지금, 필자 역시도 닛케이 BP사가 주최하는 「BIM 심포지엄 깨어나라! 일본의 건축 2008」에 패널리스트로 참가했다.

인터넷에서도 아직 검색수가 많지 않은 BIM에 관한 정보를 수집할 수 있다. 그 중에서도 특히 닛케이 BP사의 이에이리 류우타씨가 주재하는 「이에이리 건축IT 연구실」은 아마도 일본 내에서 가장 빨리 BIM에 관계된 IT정보를 상세히 게재하고 있는 사이트이다. 아직 액세스하지 않은 독자에게는 액세스할 것을 권유하며, 또 Autodesk사, Graphisoft사, Bentley Systems사 등 BIM툴 3대회사의 웹사이트도 BIM에 관한 귀중한 정보원이 되고 있기 때문에 여기에도 액세스하길 바란다. 인터넷 시대가 되어도 사무실 근무가 재택화되지 않고 사람과 사람간의 교류가 중요한 것처럼 BIM에 관한 정보만이 아니라 선행해서 활동하고 있는 사람들을 직접 만나 접하는 것도 효과적이다.

IFC에 관련된 자세한 정보가 알고 싶으면 IAI 일본에 연락을 취해야 한다. Revit의 사용방법을 알고 싶으면 RUG에 입회하여 먼저 연구한 사람으로부터 그 경험담을 직접 듣는 것이 가장 효과적이다. 또 BIM의 추진을 열심히 실행하고 있는 전도사라고 불리는 사람도 있다. 3DI의 이노우에 씨도 이러한 BIM과 Revit의 열렬한 전도사 중 한 명이다. 실제로 필자를 미국으로 이끌었고, AIA의 총회와 프리미팅, 그리고 BIM 멘토 쇼 씨와 대면시키고, 필자의 BIM에 대한 생각을 180도로 완전히 전환시킨 사람이 이노우에 씨이다. 확실히 BIM 전도사라는 별칭에 어울리는 인물이다.

본서 집필의 직접적인 이유 중 하나는 이노우에 씨가 필자에게 미국 BIM의 상황을 보여준 것의 보은으로서의 의미도 있다. 실제로 집필을 시작해보면 BIM을 소개하기 위한 방대한 화상데이터가 필요하게 되었다. 그러나 당초에는 입수조차 곤란하다고 생각된 화상을 포함하여 2주 동안에 모든 화상을 모으는 것이 가능했다. 이것은 이노우에 씨를 시작으로 건축가인 와타나베 마코토 씨, 생활산업연구소의 스가와라 준이치 사장, Graphisoft사의 시모씨, Bentley Systems사의 오오야마 씨와 코쿠부 씨, IAI의 회원의 모든 분 등 여러분의 협력 덕분이다.

데이터 교환은 실제로 이메일을 통해서였지만, 원활하게 자료를 획득할 수 있었던 것은 평소에 안면이 있었던 연결이 얼마나 중요한가 다시 실감하는 기회가 되었다.

BIM의 향후 전망

본 서의 결말로서 BIM이 앞으로 어느 방향으로 진행되길 바라는지에 관하여 몇 가지 적어보고자 한다.

첫 번째는 현재의 BIM이 건축의 하드웨어적 측면의 집합인 것. 건축의 본질은 하드웨어적 측면에서 실행되는 활동이다. IT의 본질을 건축에 옮겨와 건축 자체를 변혁하기 위해서는 IT가 건축에서 사람들의 활동과 연결한 것이 아니면 안 될 것이다. 이러한 의미에서 BIM은 아직 하드웨어적 모임이고, 고전적인 IT의 이용에 머무르고 있는 것처럼 느껴진다. IT를 이용하여 인간의 활동까지도 디자인되고 데이터에 짜 넣을 수 있는 방향으로 BIM이 진행되기를 바라고 있다.

두 번째는 현재의 BIM은 사용하는 사람의 시점으로부터가 아니고 IT기술자의 시점으로부터 구축되고 있는 측면이 있고 설계자로부터 보면 기묘한 것이 되고 있는 점이 많은 것이다.

BIM을 구축하는 툴인 오브젝트 CAD를 사용하는데 있어서 가장 어려운 것은 우선 기둥과 벽이라는 엘리먼트가 존재하고 있어, 그 조합으로 건축을 정의하려는 사고방식이다. 현재를 살아가는 건실한 디자이너라면 "자, 기둥을 세웁시다"라고 말하고 디자인을 시작하는 것은 없을 것이다. (그리스의 양식적 건축가라면 그런 방법에도 저항을 안 할지 모른다) 실제 디자인에서는 우선 이미지화하는 공간이 먼저 애매하게 존재하고 스케치를 되풀이하는 것으로 그 공간을 확신하고, 서서히 기둥과 벽 등의 엘리먼트로 잘라 나눠서 건축화해가는 것이 일반적인 순서이다. 그런 건축가에게 있어서 먼저 '기둥'과 '벽'을 선택하여 그것을 짜맞춘다는 오브젝트 CAD의 발상은 이해할 수 없고 따라갈 수 없을 것이다. BIM을 추진하는데 요점이 되는 건축가에게 있어서 BIM의 근간을 이루는 오브젝트 CAD는 기상천외한 도구인 것이다. 건축에서 진정한 IT혁명을 일으키기 위해서는 IT에 맞는 좋은 툴이 아니고 사용하는 사람의 입장에서 만들어진 툴이 필연이지만 지금의 BIM은 그렇게 되고 있지 않다. BIM은 보다 현장 사람의 사고와 행위에 들어맞는 방향으로 다시 짜여져야 할 것이다.

세 번째는, BIM은 너무 일반적인 건축에 많이 있어서 혁신적인 건축 디자인의 장으로부터 아직 멀다는 것이다. 디자이너로서는 BIM이 혁신적 툴이라면 지금까지 건축의 개념을 변혁하는 디자인에도 밀접한 관계가 있는 것을 기대하게 되는 것이다. 그렇지만 BIM 실천의 예로서 만들 수 있는 건물을 보고 있으면 솔직히 BIM이 사용되지 않았다면 거론조차 되지 않았을 수준의 디자인 작품이 대부분이다. BIM이 아니어도 디자인이 가능한 것이 다소 빨라진 정도의 이야기라 할 수 있다. 이것으로 비즈니스의 구도는 변화할 수도 있지만 건축 그것은 전혀 변화하지 않는다. 이것으로는 빈약하다. 'BIM이 아니면 디자인은 발상할 수 없었다' 등과 같은 건축의 개념을 확장하는 작품을 만나게 하고 싶은 것이다.

BIM은 혁신적으로 본질적인 건축에 있어서 진정한 IT변혁의 결과라고 생각하고 있다. 디자이너의 한 사람으로서 그러한 BIM과 만남의 기회를 믿고 하루하루의 디자인 작업 속에 BIM을 전개해가려 생각하고 있다.

네 번째는 본 서의 주제에도 언급했지만 BIM은 확실히 건축 비즈니스의 틀과 본연의 자세를 변혁하는 것이라는 것이다. 미국에서 실천되고 있는 BIM은 IPD, 즉 클라이언트, 설계자, 시공자가 일체가 된 프로젝트 추진 체제로 너무 많이 유착된 관계를 만들고 있는 것처럼 느끼고 있다. IPD는 확실히 흥미로운 시도이지만 반드시 바른 방향이라고 생각하지는 않고, BIM은 반드시 IPD에 맺어져야 하는 것도 아니다. 우연히 IPD에 있어 BIM이 잘 어울리는 툴이었다고 생각해야 한다. 필자는 오히려 BIM의 도입에 의해 건축 비즈니스를 추진하기 위한 팀 구성이 다양화될 가능성이 극히 높은 것이 중요하다고 생각하고 있다. 여러 가지 프로젝트 추진체제와 발주형태를 취할 수 있는 것은 클라이언트에 있어서 많은 선택여지를 줄 수 있는 것이 된다. 유일무이한 것을 요구하는 것보다도 여러 가지의 선택여지를 준비하여 상황에 맞춰 적절한 것을 선택할 수 있는 상황으로 하는 것이 중요하다고 본다.

다섯 번째는 더욱 더 큰 비즈니스 변혁의 예감이다. 미래의 건축 비즈니스에서 큰 주제가 될 것이라고 생각하는 건축 비즈니스에서 '서비스 제공' 비즈니스 추구 등은 건축 비즈니스의 틀을 크게 바꿀 가능성을 가진 것이라고 생각한다.

본 서에서 공조라는 서비스를 제공하는 '공조서비스 제공자'를 상정한 예를 보였다. 또한 조명(조명기구라는 하드웨어를 파는 것부터 조도라는 서비스를 제공하는 비즈니스로의 변환), 가구(가구라는 하드웨어를 파는 비즈니스부터 작업장이라는 환경을 제공하는 비즈니스로의 변환) 등이 바로 생각된다. 파사드 조차도 하드웨어로서가 아닌 건물의 내 · 외부를 적절히 연관지어 내부공간에 쾌적한 환경을 제공하는 서비스로 자리매김하면 파사드 서비스 제공조차도 이루어질 수도 있다.

현재의 임대 빌딩 비즈니스도 빌딩이라는 하드웨어를 빌려주는 것이 아니고 협동 환경을 지지하는 지적생산성 향상을 지원하는 작업장 전체의 서비스를 제공하는 서비스 제공자로 변혁할 가능성도 느낄 수 있다. 이처럼 건물을 단순히 하드웨어가 아니라 서비스로 파악하기 위해서는 기획, 설계, 시공, 그리고 운영까지 건물의 라이프 사이클 전체에 걸쳐서 하드웨어를 파악하는 수단이 필요하게 된다. BIM이야말로 그 툴로서 최적의 것 중 하나라는 것은 본 서의 독자라면 이해할 수 있을 것이다. 이러한 의미에서도 BIM은 건축 비즈니스를 크게 변혁할 가능성을 가진다고 볼 수 있다.

또한, BIM에 의한 IT화를 이룬 건축 비즈니스계는 하드웨어로서의 한계를 넘어서 보다 IT기술과 일체가 된 새로운 비즈니스의 영역으로 걸음을 내딛을 가능성도 있다. 이것이야말로 확실한 대변혁이 된다고 생각하고 있다.

여기서 언급한 5가지의 시점은 건축 비즈니스에 설계라는 영역으로부터 관계된 필자의 시점에서의 지적에 지나지 않는다. 본 서를 기회로 건축 비즈니스에 관계된 많은 사람들의 지혜가 결집되어 보다 많은 선택의 여지를 건축 비즈니스로 가져 올 것으로 기대하고 있다.

Building Information Model

부 록

건축 분야 BIM 적용 가이드

이 책의 부록은 국토해양부 건축 분야 BIM 적용 가이드 내용의 일부를 발췌하여 수록하였음

부록목차

별첨1. 공통 BIM 데이터 작성기준(예)

1. 개요
2. 모델객체 입력
3. 상세수준 및 단위
4. 대지 및 기준점
5. 층 입력기준
6. 공간객체의 입력
7. 도면의 표현
8. 데이터파일의 작성

공통 BIM 데이터 작성기준(예)

1. 개요

본 기준은 BIM 데이터를 작성하는 데 필요한 작성 기준을 쉽게 이해하고 공통적으로 적용될 수 있는 예를 제공하기 위하여 작성되었다. 기관은 고유의 BIM 적용 업무대상 및 여건에 따라 본 기준의 전부 또는 일부를 그대로 사용하거나, 내용을 응용 또는 추가하여 자체적 기준을 확보할 수 있다.

2. 모델객체의 입력

(1) BIM 소프트웨어 사용에 의한 입력

건물 부위별 객체는 BIM 소프트웨어의 해당 객체 입력도구를 사용하여 입력함을 원칙으로 한다.

벽은 벽 입력기능으로, 문은 문 입력기능으로 작성해야만 모델데이터로서의 활용이 가능하다. 만일 다른 기능이나 편법을 사용하는 경우 겉으로 보이는 물리적 형상은 문제가 없어 보일 수 있으나 도면추출, 분석, 수량산출 등의 활용이 어렵다.

(2) 부위 객체 입력 제약시의 처리

BIM 소프트웨어의 해당 객체 입력에 제약이 있는 경우 범용 객체(generic object)로 입력한다. 이 경우 어떤 부위 객체를 표현하고자 하는지를 알 수 있도록 속성으로 부여하고 이를 BIM 결과보고서에 기록한다.

예를 들어 벽이 일정하지 않은 두께를 가지고 있고 BIM 소프트웨어의 벽 입력기능이 이를 지원하지 않는 경우, 벽이 아닌 범용적 3차원 객체를 만들고 나서 속성 값으로 객체의 종류(벽)와 타입의 명칭(예:W21) 등을 부여한다. 나중에 BIM 데이터가 분석시 자동으로 벽으로 인식할 수는 없으나 결과보고서에 의하여 검토자가 따로 확인할 수 있다. 예를 들어 아래와 같은 자유곡선의 경우 사용하는 소프트웨어의 기능에 따라 처음부터 벽 객체로 입력할 수도 있고 그렇지 않은 경우도 있다. 본 사례의 경우 일단 범용적 매스작성 도구를 이용하여 위와 같이 작업을 한 후에 완성된 객체를 벽으로 지정한다.

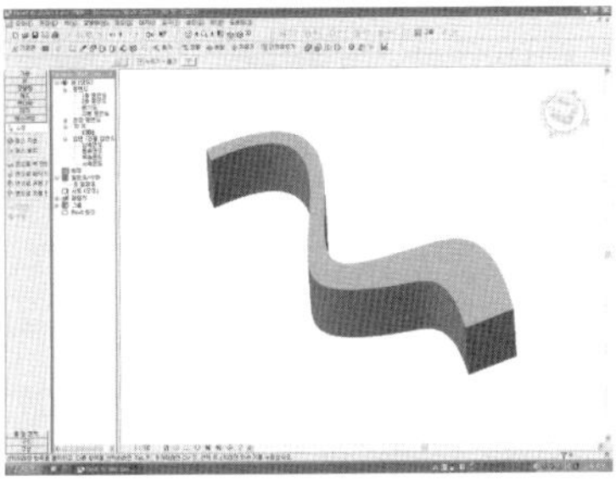

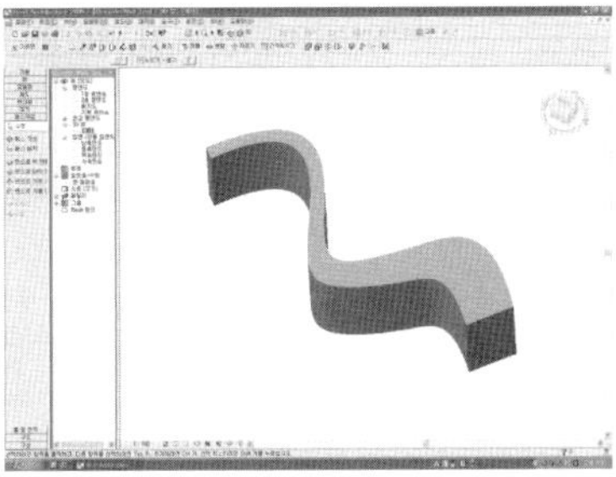

벽으로 지정된 객체는 IFC로 변화하면 다음과 같은 결과를 얻을 수 있다.

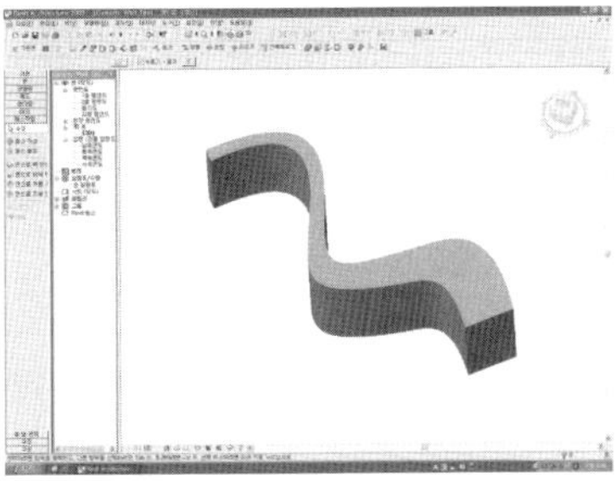

이러한 예는 상용소프트웨어의 종류 또는 버전별로 기능이 다를 수 있으므로 작업과정에서 해당 소프트웨어의 매뉴얼 및 공급자에게 확인한다.

(3) 외기에 면한 부재의 입력

에너지분석의 경우 객체의 종류 중 슬래브, 벽, 문, 창에 대하여 외기에 면한 부재는 속성을 부여(IFC의IsExternal 속성값이 True가 되도록)하여야 한다.

소프트웨어에 따라 기본적인 환경에서 IFC의 IsExternal 속성을 부여하는 경우도 있고 그렇지 않은 경우도 있을 수 있다. 에너지 분석에서 이 속성은 매우 중요하므로 기본환경에서 부여하지 못하는 경우 소프트웨어별로 방법을 확인하여 부여하는 것이 필요하다.

(4) 건물 외피의 뚫린 공간 금지

건물 내부와 외부 사이의 외피에 공기가 통하는 뚫린 공간이 없도록 한다.

외피에 공간이 뚫려 있는 경우 모델의 완성도뿐만 아니라 에너지 분석 등에 문제가 생긴다. 물론 디자인적 의도가 있는 경우는 예외이다.

(5) 창호의 입력

창호는 벽에 소속하도록 입력한다. 창호 면적이 벽 전체를 차지하는 경우도 벽을 입력하고 삽입한다.

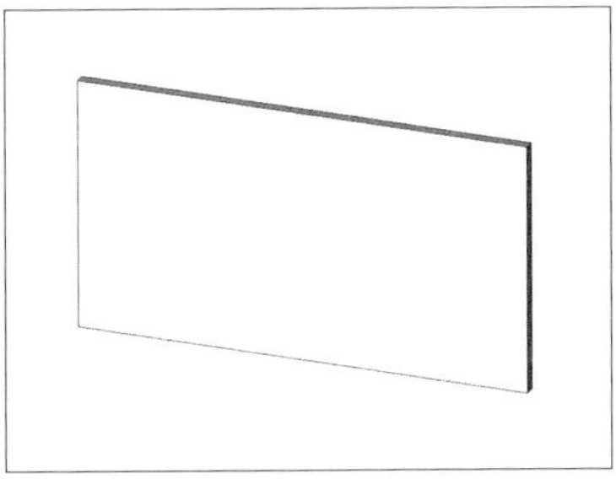

창호를 입력하기 위해서는 반드시 벽체를 먼저 입력해야 한다.

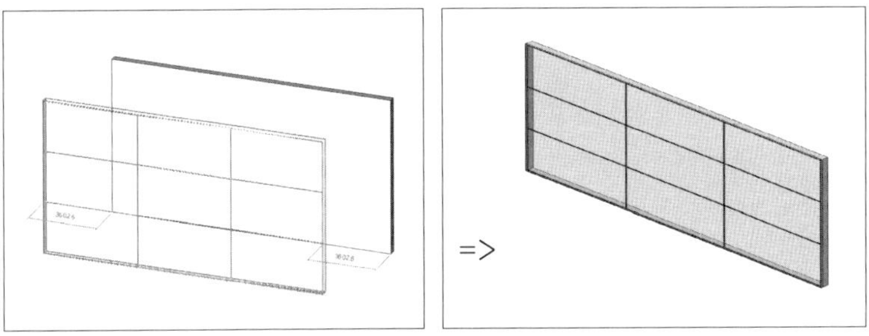

벽 전체를 차지하는 경우에 벽 전체의 면적에 해당하는 창을 벽에 입력한다. 결과적으로 창만 눈에 보이게 되지만 내부적으로는 BIM 데이터는 벽과 창의 정보를 가지게 된다.

3. 상세수준 및 단위

(1) 축척

모델 데이터의 축척은 사업착수시 협의에 의하여 정한다.

(2) 단위

모델 데이터의 입력 단위는 밀리미터(mm) 단위를 사용함을 원칙으로 한다.

단, 공간모델 데이터는 미터(m)를 사용할 수 있다.

공간객체의 경우 면적산정 등에 사용하는 경우가 많으므로 미터 단위를 사용하는 것이 효과적이다.

(3) 상세수준의 일관성

하나의 모델 데이터의 상세수준은 정해진 축척 등의 수준에 따라 건물 전체에 동일하도록 적용한다. 다만, 필요에 의하여 부분적으로 상세수준을 다르게 적용할 수 있으며 그 내용은 결과보고서에 기록한다.

4. 대지 및 기준점

(1) 대지

3차원 표면으로 표현하며 대지내 주요 지점의 높이에 대한 정보를 포함하도록 한다.

(2) 기존 건물

최소한 건물의 매스를 파악할 수 있도록 하고, 필요한 경우 상세표현의 수준을 정하여 입력한다.

기존시설에 대한 모델입력 수준은 자료 확보 여부 및 모델 데이터 활용 용도에 따라 다르다. 기존시설을 단순히 배치참고용으로 입력하는 경우 입력수준은 적절한 표현수준 목표에 맞도록 한다. 리노베이션 등을 위한 기존시설의 입력은 도면 보유 여부 또는 작업 대상과 범위에 따라 판단한다.

(3) 대지의 임시 수준점

사업별로 대지의 임시수준점(TBM)을 정하여 공공측량점으로부터 측량한 상대적 평면직각좌표(X, Y)와 지반레벨(GL)의 정보를 갖도록 관리한다.

(4) BIM 모델의 기준점

BIM 모델은 기준점을 정하여 대지의 임시 수준점으로부터의 상대적 평면직각좌표(X, Y)와 지반레벨(GL), 그리고 진북방향각도(°′″)의 정보를 갖도록 관리한다.

5. 층 입력기준

(1) 층단위 입력의 원칙

건물을 구성하는 객체는 층단위로 입력함을 원칙으로 한다.

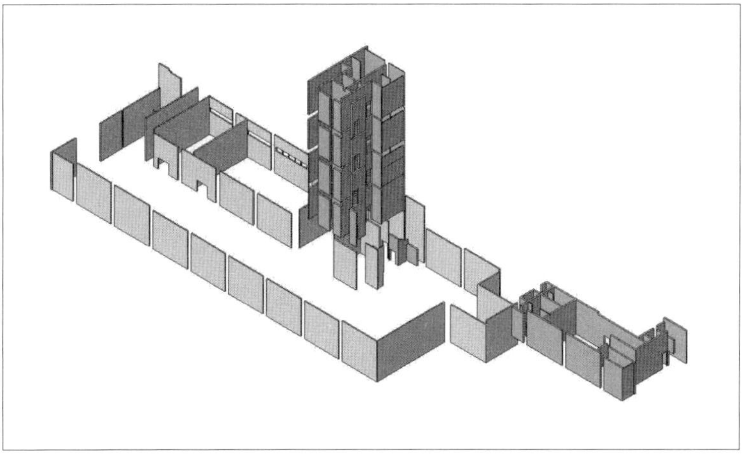

BIM 데이터는 층단위로 검토하는 경우가 빈번하므로 가능하면 층단위로 구분이 가능하도록 한다. 다음 예는 하나의 층의 벽을 보여주고 있다. 가운데 코어의 경우 설계에 참고하기 위하여 임시로 여러 층을 보여주고 있다.

(2) 층구분의 원칙

모델 데이터의 층구분은 해당 층의 바닥 위부터 위층의 바닥까지를 포함하는 것을 원칙으로 한다. 최하층 바닥슬래브 및 기초는 독립된 하나의 층으로 구분할수있다.

(3) 여러 층에 걸친 객체의 입력

단일 객체가 여러 층에 걸치는 경우 객체를 층단위로 구분하여 입력한다. 만일 층단위의 구분이 곤란할 경우 객체를 최하층에 소속된 것으로 입력할 수 있다.

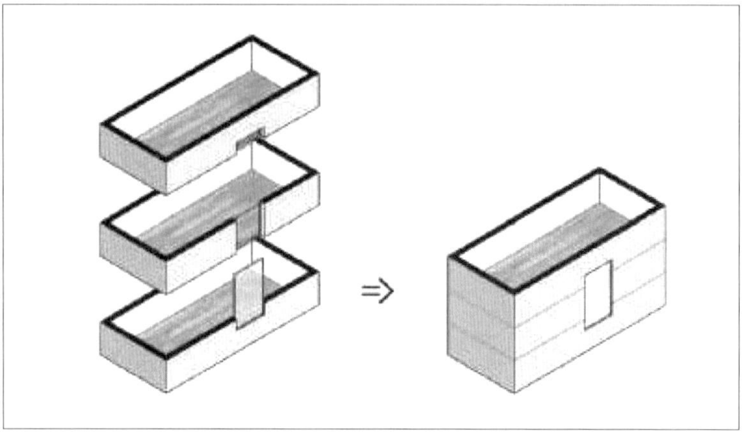

예를 들어 동일한 외벽이 여러 층에 걸치는 경우, 외벽을 층별로 구분하여 여러 개로 입력한다. 층별로 구분이 어려운 커튼월과 같은 경우 하나의 커튼월 객체를 커튼월이 시작하는 맨 밑층에 속한 것으로 입력한다. 아래의 예는 3개 층의 벽과 하나의 문이 3개 층에 걸치는 경우이다. 벽은 3개 층으로 구분하여 입력하고 문의 경우 단일 객체로 1층에 소속된 것으로 입력한 예이다.

(그림 출처 : 미국 GSA BIM Guide Series 02)

6. 공간객체의 입력

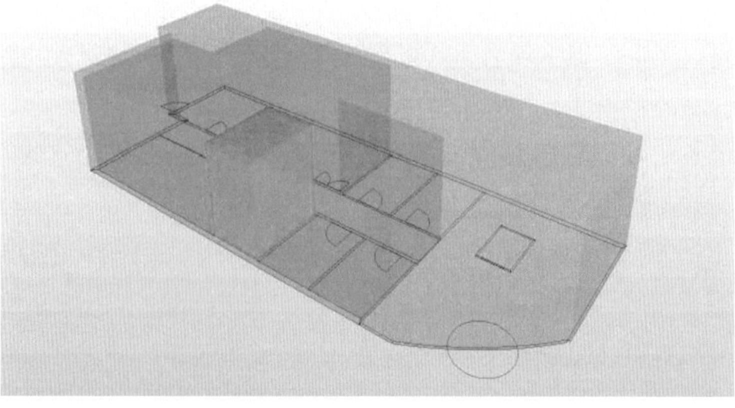

공간객체는 공간배치의 적절성, 면적산출, 실내재료 마감 정보의 관리, 공간간의 인접성 검토, 피난분석, 에너지분석 등에 활용될 수 있으므로 적극적으로 활용하는 것이 바람직하다. 공간객체의 활용에는 실번호와 실명의 사용은 필수적이며 이는 반드시 체계적으로 정리된 목록에 관리되어야 한다. 공간에 대한 정보가 필요 없는 단순한 업무에 국한시키고자 할 경우에는 공간객체를 사용하지 않을 수도 있다.

(그림 출처 : 핀란드 Solibri사)

(1) 공간객체의 입력

공간객체는 시설물의 층, 구역 및 실 등 공간의 범위를 정의하는데 사용한다. 공간객체의 정보는 속성으로 부여하며 최소한 스페이스 프로그램에 의한ID(실번호)와 실명칭이 포함되도록 한다.

(2) 공간객체의 입력범위

공간객체는 입력 최소면적기준(예:0.5제곱미터)을 정하여 기준 이상의 면적의 공간을 대상으로 입력한다.

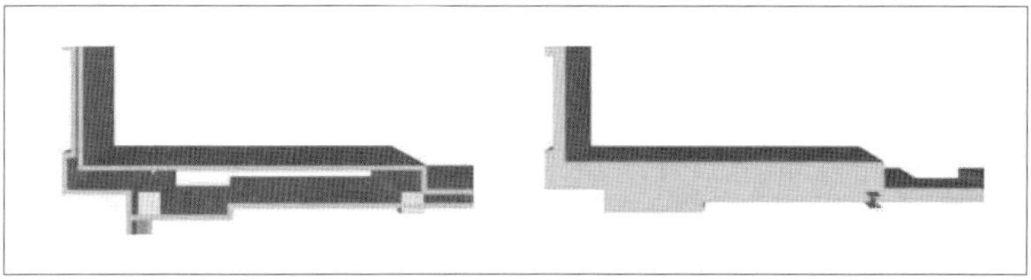

설계과정에서 자투리 공간이 생기는 경우 이를 별도의 독립적인 공간으로 다루는 것은 적절하지 않다. 따라서 공간객체의 입력은 일정 면적 이상의 공간을 대상으로 입력하며 그 이하의 공간은 벽의 일부 등으로 간주하여 처리한다. 아래의 예는 자투리 공간은 실공간 기능이 없어 공간객체의 입력대상에서 제외한다.

(그림 출처 : 미국 GSA BIM Guide Series 02)

(3) 예약공간 객체의 입력

설계과정에서 설비배관 등을 위하여 공간을 미리 확보하고자 하는 경우 예약공간 객체로 입력할 수 있다. 이때 어느 전문 분야에서 요구하는 예약공간인지 알 수 있도록 속성값을 부여한다.

예약공간은 주로 MEP 분야에서 사용하는 것으로 용도는 두 가지가 있다.

첫째, 계획과정에서 자재규격의 설계가 이루어지지 않았으나 건축이나 구조 등 타 분야의 설계의 진행을 위하여 미리 가정한 크기의 공간을 확보하는데 사용한다. 이 경우 설계진행 과정에서 예약공간은 변경될 수 있다.

둘째, 자재규격의 설계가 완료되었으나 BIM 데이터 입력이 여의치 않을 경우 해당 자재를 설치하기 위하여 필요한 최소한의 공간을 확보하고자 하는 경우 사용한다. 이 경우 자재들이 예약공간 내에 충분히 들어갈 수 있다는 점만 확인이 되면 자재에 대한 모델데이터를 입력하지 않더라도 공종간 충동을 일어나지 않는다.
이 외에도 장비수리나 작업을 위하여 확보해야 해야 할 가상적 요구공간의 용도로도 사용할 수 있다.

(4) 공간객체의 중첩방지
공간객체의 입력시 서로 중첩되지 않도록 입력한다.

공간객체가 중첩되는 경우 면적, 물량의 계산이나 각종 분석 등에 혼선이 생긴다.

(5) 아래층과 위층이 개방된 공간의 입력
아래층과 위층이 서로 개방된 공간의 경우 모든 층의 공간을 별도로 입력하되 개방된 위층의 실명칭을 "OPEN"으로 부여한다.

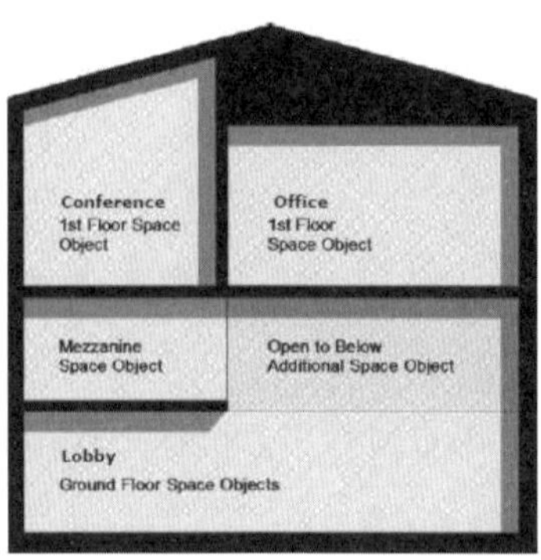

모든 객체는 층단위 입력을 원칙으로 하므로 아래-위층이 개방된 공간의 경우 개방되었다는 사실을 알 수 있도록 입력한다. 아래 그림에서 2층의 오른쪽 공간이 개방된 공간의 예이다.
(그림 출처 : 미국 GSA BIM Guide Series 02)

(6) 공간객체의 편집

공간객체의 ID나 실명칭 등의 정보를 변경할 경우 공간객체의 편집 기능을 이용하여 변경한다.(기존 공간객체를 삭제한 후 새로 입력하지 않는다)

IFC로 변환시 모든 공간객체의 정보는 고유의 ID에 의하여 관리된다. 공간객체를 임의로 삭제하고 새로 추가하는 경우 기존 ID가 사라지게 되어 어느 공간이 변경되었는지 추적하기 어렵다.

7. 도면의 표현

(1) 도면작성시 BIM 데이터 요소 추출과 추가 작업도면은 BIM 데이터 요소 추출에 의하여 작성함을 기본으로 한다. 이때 추출된 도면이 최종 도면이 아닌 경우 BIM 소프트웨어 또는 CAD 소프트웨어에 의하여 도면 요소를 추가하여 완성한다. 이때 도면 데이터는 추가된 도면 요소의 구분이 가능하도록 구성하는 것이 바람직하다.

다음은 BIM에서 자동으로 추출한 도면요소의 예이다.

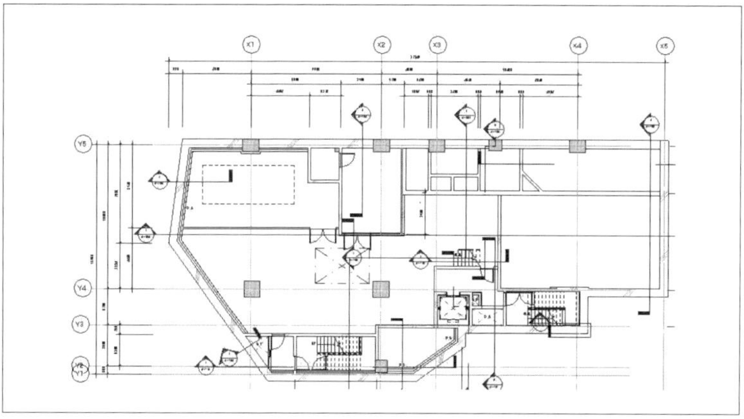

현실적으로 BIM 데이터로부터 도면요소를 모두 자동추출하는 것은 어렵다. 따라서 BIM 데이터로부터 도면요소를 추출한 후 추가작업에 의하여 도면을 완성하는 경우가 많다. 이 때 자동추출된 도면요소와 수작업에 의하여 추가된 도면요소들이 서로 구분되지 않으면 설계변경 발생시 도면변경의 효율이 떨어진다. 따라서 설계변경 발생시 자동추출된 도면요소를 빠르게 교체할 수 있도록 이들을 구분할 수 있도록 하는 것이 효율적이다.

다음 예는 자동으로 추출한 도면에 추가작업에 의하여 완성한 도면의 예이다.

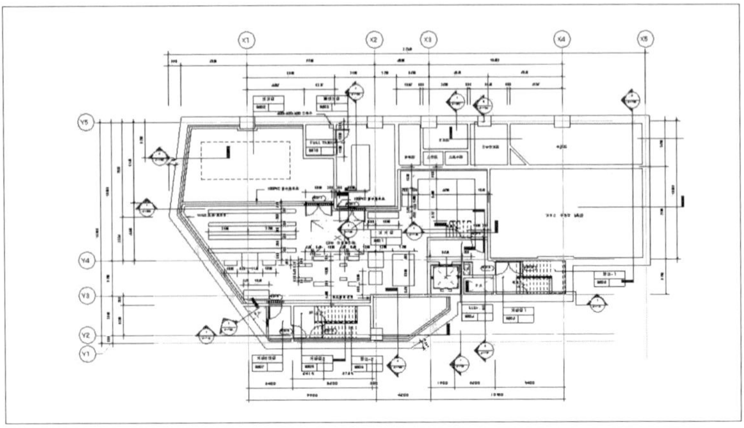

(2) 3차원 표현의 삽입

필요한 경우 도면에 건물 부위의 이해를 돕기 위한 3차원 표현을 삽입할 수 있다.

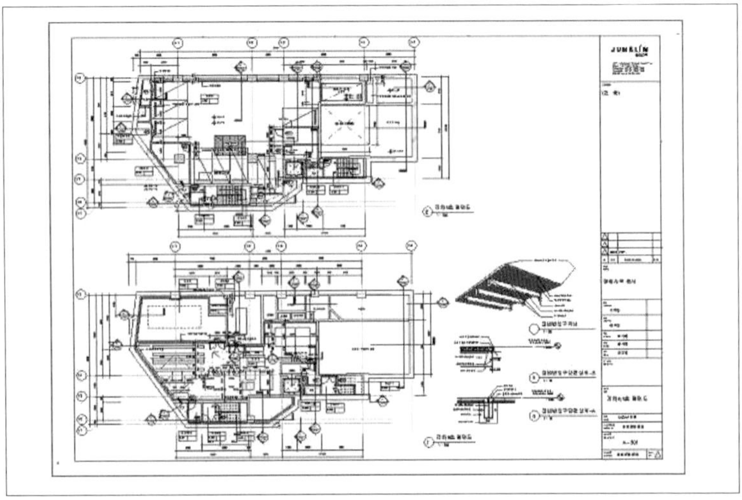

BIM 데이터는 3차원 표현기능을 이용하여 복잡한 구조물 등을 이해하기 쉽게 표현할 수 있으며 이에 따라 도면에 3차원 표현을 추가함으로써 복잡한 부위에 대한 이해를 높일 수 있다. 그러나 기존의 2차원 도면작성 방법은 오랫동안 사용되어 정착된 상태이므로 새로운 3차원 표현의 범위와 수준에 대해서는 면밀한 검토와 검증에 의한 업계 전체의 합의과정이 필요하다. 따라서 본 기준에 의한 3차원의 표현은 기존도면에 대한 보완적 기능으로만 활용되는 것이 바람직하다. 다음은 도면의 오른쪽 하단에 이해를 돕기 위한 3차원 겨냥도가 추가된 예이다.

8. 데이터 파일의 작성

(1) 전문 분야별 모델 데이터의 작성

BIM 데이터는 전문분야별로 독립적으로 작성함을 원칙으로 한다. 단, 건축과 구조 분야의 공종은 필요에 따라 통합하여 작성할 수 있다.

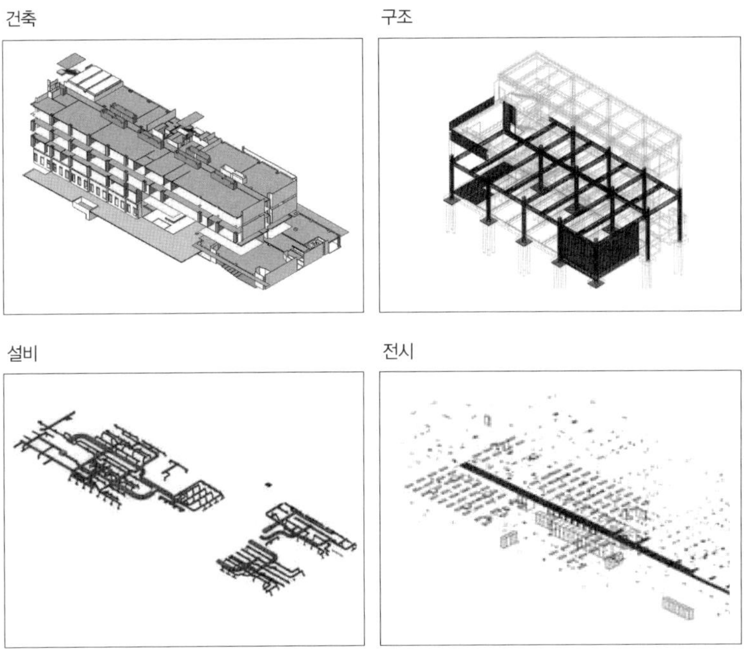

BIM 데이터는 전문 분야별로 별도로 작성하여 관리하는 것이 원칙이다. 다음은 건축, 구조, 설비, 전기 모델의 예이다. 각 전문 분야의 모델은 전문 분야별로 역할을 담당하여 작업을 진행한다. 다만, 일반적으로 건축과 구조는 밀접한 관련이 있어 동시에 작업을 진행할 수 있다.

(2) 전문 분야간 객체 중복 존재 방지

BIM 데이터작성시 동일한 객체가 서로 다른 전문 분야 모델 데이터에 중복되어 입력되지 않도록 한다.

동일한 객체가 여러 분야의 모델에 중복적으로 존재하지 않도록 한다. 예를 들어 기계모델 입력과정에서 건축모델 데이터인 문을 참조할 수는 있으나 기계모델에 문이 함께 저장되지 않도록 한다.

(3) 초기단계의 단일 모델 데이터 사용

초기단계에서는 전문 분야를 구별하지 않는 단일 모델 데이터를 작성하여 사용할 수 있다.

기획 등 초기단계에서 BIM 데이터를 작성할 때는 전문 분야별 모델 데이터를 따로따로 작성하는 것이 어려우므로 하나의 단일모델데이터를 작성하여 시작한다. 대부분 건축 분야에서 건축과 구조부재를 포함하여 입력하는 경우가 많다. 이는 초기 기획단계에서 도면을 작성하는 업무형태와 유사하다.

(4) 통합 모델 데이터의 관리

완성된 모델 데이터는 전문 분야별 모델 데이터를 통합한 통합 모델 데이터로 관리한다. 이때 데이터의 크기가 매우 크거나 기타 타당한 이유가 있는 경우 구역 등을 기준으로 파일을 분리하여 관리할 수 있다.

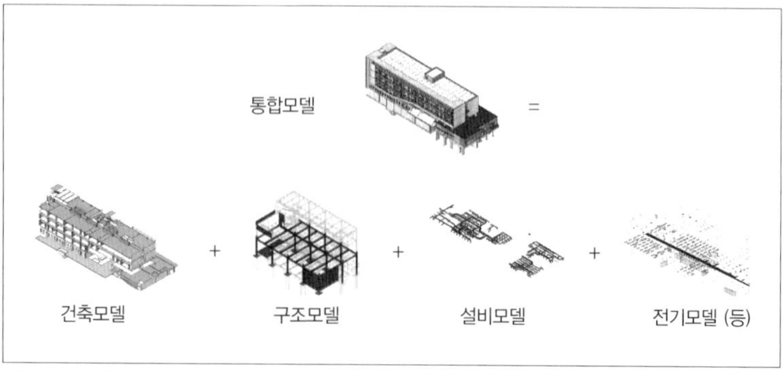

다음 예는 건축, 구조, 설비, 전기를 통합한 모델을 보여준다. 통합 모델데이터는 단일모델로 다룰 수도 있고 필요에 따라 전문분야간 구분이 가능하도록 다룰 수도 있다.

별첨2. 공통 BIM 품질기준(예)

1. 개요
2. 물리정보 품질기준
3. 논리정보 품질기준
4. 데이터 품질기준

공통 BIM 품질기준(예)

1. 개요

본 기준은 BIM 데이터에 대한 품질 기준을 쉽게 이해하고 공통적으로 적용될 수 있는 예를 제공하기 위하여 작성되었다. 기관은 고유의 BIM 적용 업무대상 및 여건에 따라 본 기준의 전부 또는 일부를 그대로 사용하거나, 내용을 응용 또는 추가하여 자체적 기준을 확보할 수 있다.

본 기준에서 다루고 있는 기준의 종류는 다음과 같다.

- 물리정보 품질: 모델의 형상 요건 충족성(형상완성도, 객체충돌등)
- 논리정보 품질: 모델의 논리 요건 충족성(법규, 제기준 등)
- 데이터 품질: 모델의 데이터 요건 충족성(객체 사용, 속성 부여 등)

품질기준은 건축, 구조, 설비 등 분야별로 구성할 수도 있으며 이 경우 기준의 내용은 물리정보, 논리정보 및 데이터 품질의 요건을 충족하도록 작성한다.

2. 물리정보 품질기준

(1) 전문 분야별 객체간의 간섭이 없어야 함.

예: 기둥과 덕트가 서로 간섭(공간충돌)되지 않아야 함.

(2) 객체가 중첩되지 않아야 함.

예: 동일한 벽이 여러 번 되풀이해서 입력되지 않아야 함.

(3) 결합되어야 할 객체간의 미결합이 없어야 함.

예: 보는 기둥과 결합되어 있어야 함.

(4) 공간객체는 건물 부위 객체로 둘러싸여 있어야 함.

예: 회의실 공간은 벽, 슬래브, 천장 등의 객체로 둘러싸여 있어야함.

(5) 문, 창이 벽에 포함되어 있어야 함.

예: 문은 반드시 어느 벽에 속해 있어야 함.

(6) 건물의 외피에 뚫린 공간이 없어야 함.

예: 실내를 둘러싼 외벽은 외기가 드나드는 개구부 없이 밀폐되어야 함.

(7) 객체가 층별로 구성되어 있어야 함.

예: 벽은 어떤 층에 속해 있어야 하고 원하는 경우 특정 층의 모든 벽을 확인할 수 있어야 함. 단, 여러 층에 걸친 하나의 객체는 최하층에 속함.

3. 논리정보 품질기준

(1) 피난계단이 법적 요건에 의하여 배치되어야 함.

예: 피난계단의 위치가 법적 요건에 맞도록 배치되어 있어야 함.

(2) 계단의 경사도가 적절해야 함.

예: 계단의 경사도가 일정 요건에 맞도록 설계되어야 함.

(3) 복도의 폭이 일정 치수 이상을 확보해야 함.

예: 설계기준에 따른 일정폭 미만의 복도가 없도록 함.

(4) 각 실별 공간의 면적이 스페이스 프로그램 허용오차 이내이어야 함.

예: 입력된 공간 객체의 면적이 스페이스 프로그램에 의하여 제시된 실별 면적 및 그 허용오차 이내이어야 함.

4. 데이터 품질기준

(1) 건물 부위별로 해당 BIM 객체를 사용해야 함.

예: 벽은 BIM 소프트웨어의 벽 객체 입력 기능에 의하여 입력함. 단, BIM 소프트웨어의 해당 객체 입력 기능에 제약이 있는 경우 범용객체(genericobject)로 입력함.

(2) 공간 객체의 속성값이 기준에 따라 부여되어 있어야 함.

예: 공간객체의 ID(실번호)와실명칭이속성으로부여되어있어야 함.

(3) 외기에 면한 슬래브, 벽, 문, 창에 대하여 IFC의 IsExternal 속성값이 True로 되어 있어야 함.

예: 에너지분석의경우에 적용함.

(4) 최종 데이터는 IFC 포맷으로 저장함.

예: IFC2X3 포맷으로 변환한 파일을 사용함(원본은 별도로 관리함).

별첨3. 현상설계발주용 BIM 적용 지침 템플릿(예)

1. 일반조건
2. 모델파일 제출 조건
3. 모델 데이터 작성조건
4. 설계도서 작성기준
5. BIM 평가기준

본 템플릿은 발주자가 현상설계에 BIM을 적용하고자 하는 경우, 지침을 작성하기 위한 예시로 작성되었다. 본 템플릿은 모든 현상설계에 일률적으로 적용하기 위하여 제공되는 것이 아니며 발주자의 사업 여건이나 BIM을 적용하고자 하는 목표,범위에 따라 내용을 추가, 축소 또는 응용하여 적용할 수 있다. 본 템플릿 내용 중 (밑줄 친 괄호 내용)은 필요에 따라 변경하여 적용할 수 있다.

1. 일반조건

(1) 본 설계경기는 BIM을 적용하며 본 지침의 요건에 따라 산출물을 작성한다. 본 지침의 내용에 관한 문의는(발주자 홈페이지...)에 의한다.

(2) 본 설계경기의 응모자는 BIM을 이용하여 (1:000)축척 내외의 상세 수준으로(건축, 구조...) 분야의 부재를 대상으로 모델 데이터를 작성하여 활용하여야 한다.

(3) 본 설계경기의 BIM 활용 목표 대상은(공간 요구조건 충족, BIM 설계 품질 확보, 에너지 성능 확보, 시각적 검토, 설계도서 추출...)으로 한다.

(4) 투시도, 도판, 도면 등의 건물 표현은 BIM 작업과정에 의하여 작성함을 원칙으로 하며 본 지침의 "설계도서 작성기준"에 요건에 따른다.

(5) 사용하는 BIM 소프트웨어는 IFC(2x3)를 지원하는 소프트웨어로 한다.

(6) 원본 BIM 파일이 IFC 파일로 적절하게 변환되었는지에 대한 책임은 응모자에게 있다. IFC 파일로 변환 후 결과 확인 방법의 예는 다음과 같다.

- BIM 데이터 작성 소프트웨어를 사용하여 다시 읽어 들여 확인

- 무료 공개된 IFC 파일 뷰어를 이용하여 확인
  - 무료 공개 뷰어 목록: http://www.ifcwiki.org/index.php/Free_Software
  - IfcStoreyView:http://www.iai.fzk.de/www-extern/index.php?id=1134&L=1
  - DDS-CADViewer:http://dds.no/ax10x0.xhtml
  - SolibriModelViewer:http://www.solibri.com/solibri-model-viewer.html
  - PDFViewer:http://www.adobe.com
- 기타 IFC 파일 품질 확인 프로그램에 의하여 확인

(7) 모든 데이터에는 응모자를 암시할 수 있는 직접적 또는 간접적 내용을 포함하지 않도록 주의한다.

(8) BIM 데이터의 작성시 발주자가 배포한 다음의 데이터를 참조 및 활용한다.
- (Space_Program.xls): 시설별, 공간별 면적 데이터
- (CompetitionSite.ifc): 대상대지 및 주변의 BIM 데이터
- (CompetitionMap.jpg): 대상 대지좌표 기준점을 보여주는이미지 데이터 위도경도:(xx° x'xx.xx"N,xxx° x'xx.xx"E)

TM(TransverseMercator)좌표계:(xxsxxxxx.xxmE,xxxxxx.xxmN)-(...):

2. 모델 파일 제출 조건

(1) BIM 데이터는 건물별 단일파일로 작성, 제출하는 것을 원칙으로 한다.

(2) (원본 BIM 데이터는 제출하지 않으며)IFC(ISO/PAS16739)(2x3) 포맷으로 변환한 IFC 파일을 제출한다.

(3) IFC 파일 제출 대상은 건물 모델 데이터(공간모델 데이터, 외피모델 데이터...)로 한다.

데이터 내용 용도

건물 모델 데이터 건물의 건축 및 구조부재 전체가 포함된 모델 데이터

– BIM 품질 요건의 충족성 평가 –시각적 검토

데이터	내 용	용 도
건물 모델 데이터	건물의 건축 및 구조 부재 전체가 포함된 데이터	– BIM 품질요건의 충족성 평가 – 시각적 검토
(공간모델 데이터)	공간객체만으로 구성된 모델 데이터	– 공간요구조건 충족성 평가
(외피모델 데이터)	건물모델 데이터 중 외피의 부재만으로 구성된 모델 데이터	– 에너지 성능 평가
(...)		

(4) "제출리포트.hwp" 파일은 폴더 및 파일을 정리한 내용을 설명하고 BIM 작업과정의 특이사항이 있는 경우 이를 포함하여 아래 한글파일로 작성하여 함께 제출한다.

(5) 설계과정에서 발주자가 제공한 대상대지 및 주변의 BIM 데이터(CompetitionSite.ifc)에 변경이 가해진 경우, 변경된 데이터도 제출 대상에 포함한다. 이 경우 제공된 좌표와 방위(진북방향) 속성은 그대로 유지하여야 한다.

(6) BIM 데이터 파일명은(발주자 파일명 부여의 원칙).ifc의 형식으로 한다.

(7) BIM 데이터의 폴더 체계는(발주자 폴더명 부여의 원칙)의 형식으로 한다.

(8) 건물 모델은 발주자가 제공한 대지 모델과 통합 검토가 가능하도록 대지모델과 좌표 및 방향이 일치되도록 제출한다.

(9) 모든 파일은 가급적 불필요한 정보를 제거하거나 최적화함으로써 파일의 크기를 최소화하여 제출한다.

(10) 모든 파일은 압축하지 아니한 상태로 제출하되 IFC 파일이 (000)MB를 초과하는 경우 zip파일로 압축하여 제출할 수 있다.

(11) 모든 파일은 각종 바이러스에 감염되지 않은 상태로 제출한다.

3. 모델 데이터 작성조건

3.1 공통기준

(1) 모든 객체는 BIM 소프트웨어의 해당 객체 입력도구를 사용하여 입력함을 원칙으로 한다.(예: 벽은 BIM 소프트웨어의 벽 입력 기능으로 입력)

(2) BIM 소프트웨어의 해당 객체 입력 기능에 제약이 있는 경우 범용 객체(genericobject)로 입력한다. 이 경우 어떤 부위를(예:벽) 표현하고자 하는지를 알 수 있도록 속성으로 부여하고 이를 "제출리포트.hwp" 파일에 기록한다.

(3) 모든 객체는 BIM 품질기준을 충족하도록 작성한다. 이때 BIM 품질기준은 (별첨 00)에 의한다.

3.2 건물 모델 데이터 작성기준

(1) 건물 모델 데이터는 (건축,구조...)의 부재가 포함된 모델을 말한다.

(2) 단위는 밀리미터(mm)를 사용한다.

(3) 창호는 벽에 소속하도록 입력한다. 창호면적이 벽 전체를 차지하는 경우도 벽을 입력하고 삽입한다.

(4) 건물과 대지의 크기는 사실과 다르게 임의로 조정하지 않

는다.

3.3 (공간 모델 데이터 작성기준)

(1) 공간 모델 데이터는 건물을 공간객체만으로 구성한 모델 데이터를 말한다.

(2) 표현 단위는 미터(m)를 사용하며 정밀도는 소수점 3자리로 한다.

(3) 각 공간 객체는 스페이스 프로그램에서 정의된 공간 ID, 공간명을 속성으로 부여한다.

(4) 공간 ID는 (...)구조를 갖도록 한다. 각 공간의 ID 및 명칭은 별도로 제공하는 스페이스 프로그램의 목록에 의한다.

(5) 각 공간 객체는 시설 구분별 색상을 사용한다. 시설 구분은 별도로 제공하는 스페이스 프로그램의 목록에 의한다.

공간 객체의 구역별 색상은 다음과 같이 부여한다.

(공동공간:회색 R:000G:000B:000)

(사무공간:하늘색 R:000G:000B:000)

(건물코어:붉은색 R:000G:000B:000)

(..추가)

(6) 각 공간 객체의 면적은 스페이스 프로그램에서 정의된 면적 크기 허용오차 범위 이내가 되도록 한다.

(7) 공간 모델 데이터는 공간별, 시설별, 층별로 시각적 구분 및 면적 추출이 가능한 구조로 작성한다.

(8) 공간 객체는 중첩되지 않도록 입력한다.

(9) 각 공간 객체는 층단위로 입력한다. 위층이 개방되어 2개 층에 걸친 공간 객체의 경우 위층의 개방된 공간은 위층의 공간 객체로 입력하고 명칭을 "OPEN"으로 부여한다.(층 면적에서 개방된 공간은 제외됨)

3.4 (외피 모델 데이터 작성기준)

(1) 외피 모델은 건물 모델이 완성된 이후 건물의 내부와 외부를 구분하는 외피(외벽 및 외벽에 속한 문, 창, 지붕, 최하층 바닥 등) 부재만 추출하여 작성한다. 예)옥외계단은 외피가 아니므로 제외

(2) 외피 모델 데이터의 작성기준은 건물 모델 데이터 작성기준에 준한다.

(3) 모든 외피 부재는 기본적으로 외벽, 창, 문, 슬래브(지붕 및 1층 바닥 포함) 객체로 구분하여 입력한다.

(4) 모든 외피 부재는 반드시 IsExternal 속성값이 True가 되도록 하여야 한다.

(5) 건물의 외피에는 건물의 내부와 외부에 공기가 통하는 뚫린 공간이 없도록 확인되어야 한다.

4. 설계 도서 작성기준

(1) 도판, 도면 및 설계 설명서 내의 건축물에 관한 표현은 별도로 추가작업 허용이 명시되지 않은 한 BIM 데이터 작성 소프트웨어에서 직접적으로 생성된 내용을 채색 없이 흑백(음영 표

분 류	추가작업 허용범위
도 판	- 건물 이외의 (조경, 도로, 주석, ...)의 추가작업을 허용
	- 투시도나 조감도는 BIM 데이터 작성도구에 의해 자동으로 생성된 채색 이미지만을 허용 - BIM작성 소프트웨어가 자체가 아닌 별도의 이미지 또는 렌더링 소프트웨어에 의한 이미지의 생성, 편집, 채색은 일체 불허
도면 및 설계 설명서	- 건축물 내용 외에 2차원 표현에 의한(조경, 도로, 주석, ...)의 추가작업을 허용
	- 도판에 사용된 조감도와 투시도의 채색 이미지 사용 허용

현 가능)으로만 허용한다. 추가허용범위는 다음과 같다.

(2) BIM 적용 도면 목록은 다음과 같다.
건축: (배치도, 기본평면도.... 추가)
구조: (...추가)
전기: (...추가)
설비: (...추가)

(3) 다음의 설계 문서는 BIM 데이터를 활용하여 작성한다.
(...문서: BIM 데이터 활용 내용 명시)
(...문서: BIM 데이터 활용 내용 명시)
(...문서: BIM 데이터 활용 내용 명시)

5. BIM 평가기준

(1) 제출된 BIM 데이터는 작품의 평가에 활용한다. 응모자는 BIM 데이터가 작품의 평가에 활용될 수 있도록 본지침의 요건에 맞추어 제출하여야 한다.

(2) BIM 데이터에 의한 평가 활용 대상은 (공간요구조건 충족성 평가, BIM 설계품질 평가, 에너지성능 평가, 시각적 검토... 이하 추가)으로 한다.

(3) 평가 활용 대상 중 점수에 의한 정량 평가 대상은 (공간요구조건 충족성 평가, BIM 설계품질 평가, 에너지성능 평가...)

정량 및 평가 대상	평가내용	배점
(공간요구조건 충족성)	스페이스 프로그램조건 충족성	(점)
(BIM 설계품질평가)	BIM 데이터의 품질기준 충족성	(점)
(에너지성능 평가)	건물의 외피에 의한 에너지성능 평가	(점)
...(추가)	...(추가)	(점)

으로 하며 총(　　점)을 반영한다. 이때 정량 평가는 BIM 데이터 분석 소프트웨어 등을 활용하여 객관성을 확보한다.

(4) 정량 평가와 별도로 다음의 조건에 해당시 감점을 부여한다. 이때 최대감점의 한도는(　　점)으로 한다.

감점 대상	감 점
일반조건 위배	(　　점)/건당
모델파일 제출조건 위배	(　　점)/건당
모델데이터 작성조건 위배	(　　점)/건당
설계도서 작성기준 위배	(　　점)/건당

찾아보기

약 력

김명근(金明根)

erezarchi@gmail.com

2004 단국대학교 대학원 졸업(공학석사, 건축계획 및 설계)
2008 건축사 / 건축시공기술사
현 EREZ 건축사사무소 (architects & BIM technology) 대표
경민대학 건축인테리어학부 겸임교수

야마나시 토모히코(山梨知彦)

1960년 요코하마 출생
현재, (주)닛켄설계, 도쿄설계실장, 설계부문 부대표. 1984년 도쿄예술대학미술학부 건축과 졸업. 1986년 도쿄대학 대학원 도시공학전공(공학석사). 1급 건축사. JIA등록건축가. 1986년 닛켄설계에 입사. 오피스, 집합주택, 학교 등의 설계에 참여.

저서로는 'Google SketchUp 슈퍼매뉴얼' (일본실업출판사)이 있다.

주된 담당 작품으로는
마쿠하리 파티오스 5번가
스미토모 부동산 이이다바시 퍼스트 빌딩 / 퍼스트 힐즈 이이다바시 (BCS상)
토호오케스트라 아카데미(중부 건축상)
호기메디컬 본사 빌딩(도쿄 건축상)
르네 아오야마 빌딩(조명학회 조명 디자인상)
토호 ANNEX(굿 디자인상)
록 빌레이 빌딩(일본 건축사회 연합회상)
월드 시티 타워즈(굿 디자인상)
진보초 시어터 빌딩(SD리뷰)
노무라 공예사 본사 빌딩(아시하라 요시노부 상 장려상)

BIM 건축혁명

2011년 3월 10일 1판 1쇄 인쇄
2011년 3월 15일 1판 1쇄 발행

저　　자　야마나시 토모히코

역　　자　김 명 근
발 행 인　강 해 작
발 행 처　도서출판 기 문 당
주　　소　서울시 성동구 무학봉 28길 4-1
(왕십리동 966-22)
전　　화　02) 2295-6171(代)~5
팩　　스　02) 2296-8188
출판등록　1976. 10. 7(1-44)
홈페이지　http://기문당
www.kimoondang.com
I S B N　978-89-6225-325-2　93540

정　　가　18,000원